현대과학의 열쇠 퀀텀 :: 유니버스

Quantum Theory Cannot Hurt You: A Guide to the Universe

Quantum Theory Cannot Hurt You
A Guide to the Universe

현대과학의 열쇠

퀀텀 :: 유니버스

마커스 초운 지음 · 정병선 옮김

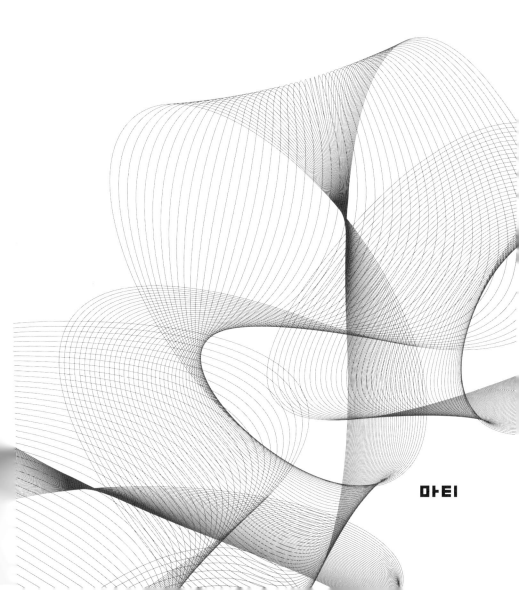

마티

국립중앙도서관 출판시도서목록(CIP)

현대과학의 열쇠, 퀀텀과 유니버스
/마커스 초운 지음 ; 정병선 옮김. -- 서울: 마티, 2009
    p.240; 152×225cm.

원표제: Quantum Theory Cannot Hurt you
원저자명: Marcus Chown
색인수록; 영어원작을 한국어로 번역
ISBN 978-89-92053-30-3 03420 : ₩14800

양자 이론[兩者理論]

420.13-KDC4
53!0.12-DDC21   CIP2009003310

현대과학의 열쇠, 퀀텀과 유니버스
마커스 초운 지음 ı 정병선 옮김

Quantum Theory Cannot Hurt You

초판 1쇄 인쇄 2009년 11월 1일
초판 1쇄 발행 2009년 11월 5일

발행처 · 도서출판 마티 ı 출판등록 · 2005년 4월 13일 ı 등록번호 · 제2005-22호
주소 · 서울시 마포구 서교동 481-13번지 2층 (121-839)
전화 · 02. 333. 3110 ı 팩스 · 02. 333. 3169
이메일 · matibook@naver.com ı 블로그 · http://blog.naver.com/matibook

값 14,800원   ISBN 978-89-92053-30-3   (03420)

의기소침해져서 왜 세상 사람들은 나를 미워할까, 고민할 때마다
"마커스, 그건 네가 나쁜 놈이기 때문이야!"라며 위로해 주는
패트릭에게 바친다.

2부 큰 것들

§ 일러두기

· 물리학 용어는 일반적으로 중, 고등학교 교과서에 따르지만, 물리학계에서 통용되는 용어들은 용례에 따라 함께 표기했다.

· 용어의 띄워쓰기는 단어들의 의미가 하나로 합쳐진 경우 대체로 붙여서 표기했다.

· 본문 가운데 [   ]은 구체적인 설명을 위해 한국어판 편집에서 추가한 내용이다.

〔 〕
여는 글

다음의 진술 가운데 하나는 사실이다.

- 여러분이 쉬는 모든 들숨에 마릴린 먼로가 내쉰 날숨의 원자가 들어 있다.
- 액체가 위로 흐를 수도 있다.
- 건물 꼭대기에서는 아래층에서보다 나이를 더 빨리 먹는다.
- 원자는 여러 다른 장소에 동시에 존재할 수 있다. 당신이 뉴욕에 있으면서 동시에 런던에 있을 수 있다는 뜻이다.
- 인류 전체를 각설탕 크기의 공간 안에 집어넣을 수 있다.
- 채널이 동조된 텔레비전 수상기 잡음의 1퍼센트는 빅뱅(대폭발)의 자취이다.
- 물리 법칙은 시간 여행을 금하지 않는다.
- 한 잔의 커피는 차가울 때보다 뜨거울 때 무게가 더 무겁다.
- 빨리 여행할수록 더 홀쭉해진다.

농담이다. 위의 진술은 전부 사실이다!

과학 저술가인 나는 과학이 과학 소설보다 훨씬 더 기묘하고, 우주가 인류가 발명해 낸 그 어떤 것보다도 훨씬 더 경이롭다는 사실에 항상 놀란다. 그럼에도 불구하고 지난 세기의 그 비상한 발견들을 이해하는 사람은 극소수다.

지난 100년 동안 두 가지 기념비적 업적이 달성되었다. 원자와 그 구성물에 관한 우리의 이해를 도와준 '양자이론'이 그 하나요, 공간과 시간, 중력에 관한 인식을 가능케 해준 아인슈타인의 '일반상대성이론'이 나머지 하나이다. 두 이론은 이 세계와 우리에 관한 거의 모든 것을 설명해 준다. 실제로 양자이론이 현대 세계를 창조했다고도 할 수 있다. 양자이론은 우리가 발 딛고 서 있는 땅이 왜 단단한지, 태양이 왜 빛나는지를 설명해 줄 뿐만 아니라 컴퓨터와 레이저, 원자로의 제작도 가능케 해준다. 상대성이론을 일상 생활에서 체험하기란 어렵지만, 이 이론은 블랙홀(검정구멍)이라는 것이 존재한다는 사실을 우리에게 가르쳐 주었다. 블랙홀에서는 빛을 포함해 그 어느 것도 탈출할 수 없다고 한다. 우리는 상대성이론을 통해 우주가 영원히 존재해 온 게 아니라 빅뱅이라고 하는 강력한 폭발로 탄생했으며, 어쩌면 타임머신이 가능할지도 모른다(가능성이 매우 높다)는 사실을 알게 되었다.

나는 이런 내용들을 대중적으로 설명하는 많은 글을 읽었다. 그러나 과학을 전공한 나도 그 설명에 당황하기 일쑤였다. 과학자가 아닌 일반 대중들이 그런 상황을 어떻게 이해할지 다만 추측해 볼 수 있을 따름이다.

아인슈타인은 말했다. "과학의 기본 개념들 대부분은 근본적인 차원에서 보면 단순하다. 때문에 대부분의 개념들은 누구나 쉽게 이해할 수 있는 언어로 설명될 수 있다." 나는 경험을 통해 그의 말이 옳다는 것을 알고 있다. 보통 사람들이 21세기 물리학의 주요 개념들을 쉽게 이해할 수 있도록 돕고 싶었고, 이것이 책을 쓰면서 내가 견지한 태도이다. 쉽고 흥미로운 비유를 통해 양자이론과 상대성이론의 핵심 사상을 명확히 설명하고자 노력했다. 두 이론의 핵심 개념들은 믿을 수 없을 정도로 간단하며, 세상의 거의 모든 것들이 논리적으로 그리고 필연적으로 두 이론의 핵심 개념에서 비롯된다는 걸 보여주고 싶었다.

하지만 마음처럼 글쓰기가 쉽지는 않았다. 특히 양자이론은 지난 80년 동안 축적된 많은 성과들을 퍼즐처럼 짜맞추는 과정이 필요하다. 지금까지 하나의 맥을 짚어 이 퍼즐들을 완전히 맞추는 데 성공한 사람은 아무도 없는 것 같다. 솔직히 양자이론의 중요한 몇몇 성과들은 알기 쉬운 방법으로 전달할 수 있는 범위를 넘어서는 것 같다. 이를 테면, 원자가 동시에 두 곳에 존재할 수 있는 이유를 설명해 주는 '결흐트러짐'(decoherence)은 호락호락하게 설명할 수 있는 주제가 아니다. 나는 여러 전문가들과 의견을 교환했고 결흐트러짐을 '비간섭성'(incoherence)으로 바꿔야 한다고 생각하기 시작했다. 그러자 어쩌면 전문가들도 이 문제를 완벽하게 이해하지 못할지도 모른다는 생각이 번뜩 들었다. 생각이 여기까지 미치자 어떤 면에서 나는 더 자유로워졌다. 시종일관 완벽하게 아귀가 맞는 그림이 그려지지 않은 것 같았다. 그리하여 결국 나는 여러 학자들의 통찰을 바탕으로 나만의 그림을 짜맞춰야겠다고 판단했다.

여러분은 이 책이 제시한 여러 설명 방법을 다른 어느 곳에서도 볼 수 없을 것이다. 이 비유와 설명들이 현대 물리학의 핵심 개념을 에워싸고 있는 오리무중을 조금이나마 밝혀 준다면 좋겠다. 나아가 독자 여러분께서 우리가 목도하고 있는 우주가 얼마나 경이로운 존재인지를 통찰할 수 있다면 더할 나위 없을 것이다.

감사의 말

직접적인 방식으로 나를 도왔거나 영감을 불어넣어 주었으며, 이 책을 집필하는 과정에서 나를 격려해 준 다음 분들에게 감사를 드린다. 아버지, 캐런, 새라 멘국, 제프리 로빈스, 닐 벨턴, 헨리 볼랜스, 레이철 마커스, 모제스 카도나, 브라이언 클레그, 토니 히 교수, 케이트 올드필드, 비비엔 제임스, 브라이언 메이, 브루스 바셋 박사, 래리 슐만 박사, 워즈키에치 주렉 박사, 마틴 리스 경, 앨리슨 초운, 콜린 웰먼, 로지와 팀 초운, 패트릭 오핼로런, 줄리와 데이브 메이즈, 스티븐 헤지스, 수 오말리, 새러 토펠리언, 데이빗 도이치 박사, 알렉산드라 피캠, 닉 메이휴-스미스, 엘리자베스 지크, 알 존스, 데이빗 휴, 프레드 바넘, 팸 영, 로이 페리, 헤이즐 무이르, 스튜어드와 니키 클라크, 사이먼 잉스, 배리 폭스, 스펜서 브라이트, 캐런 건넬, 조 건넬, 팻과 브라이언 칠버, 스텔라 바를로, 실바노 마존, 바바라 펠과 데이빗, 줄리아 베이트슨, 앤 어셀, 바바라 카이저, 도티 프리들리, 존 홀랜드, 마틴 달라드, 브라이언 클레그, 실비아와 새러 케피알류, 마틸다와 데니스와 애만다와 앤드류 버클리, 다이앤과 피터와 시아란과 루시 톰린, 에릭 구를레이, 폴 브랜포드. 본서에서 발견되는 오류에 대해 이 분들은 전혀 책임이 없다고 말하지 않고 넘어간다면 얼마나 좋을까!

1부
작은 것들

SMALL THINGS

1

아인슈타인과 함께 호흡하기

: :

우리는 어떻게 알게 되었을까?
모든 것이 원자로 구성되었으며,
원자는 대부분이 빈 공간이라는 걸.

내 코끝에 있는 세포 속의 수소 원자는 과거 한때 코끼리 코의 일부였다.

_ 요슈타인 가아더

우리는 무기를 사용할 생각이 전혀 없었다. 그러나 그들은 정말로 성가신 종족이었다. 우리가 거듭해서 평화를 보장했음에도 불구하고 그들은 우리를 '적'으로 간주했다. 우리는 푸른 행성 주위를 높은 궤도에서 선회하고 있었는데, 그들이 갖고 있던 핵무기를 전부 우리 함선에 발사했다. 마침내 우리의 인내심도 바닥을 드러냈다. 우리 무기는 단순하지만 효과적이다. 물질의 빈 공간을 전부 짜내 버리는 것이다. 시리우스 원정대 사령관은 희미하게 반짝이는 길이 1센티미터의 금속 입방체를 바라보면서 머리를 흔들었다. 그 안에 '인류'를 통째로 짜부라뜨려 넣어버릴 수 있다는 걸 알면서도 여전히 믿기 힘들었다!

인류 전체를 각설탕 한 개만한 부피에 집어넣을 수 있다는 생각이 공상 과학처럼 들린다면 다시 생각해 보길 권한다. 보통 물질에서 99.9999999999999 퍼센트의 부피가 빈 공간이라는 사실은 놀랍다. 우리 몸의 원자들에서 빈 공간을 전부 짜낼 수 있는 방법이 있다면 인류를 각설탕 한 개 정도 크기에 집어넣을 수 있는 것이다.

원자가 이렇게 텅 비어 있다는 특성은 물질의 구성 요소인 원자가 갖는 비상한 특징 가운데 하나일 뿐이다. 우선 크기가 놀랍다. 이 쪽에 찍힌 마침표 한 개의 폭을 가로지르려면 원자 1,000만 개가 필요하다. 자연스럽게 다음과 같은 질문이 떠오른다. "모든 게 원자로 구성되어 있다는 사실을 우리가 어떻게 알아낸 걸까?"

모든 게 원자로 이루어졌다는 생각을 가장 먼저 한 사람은 기원전 440년경에 활약했던 그리스의 철학자 데모크리토스였다.* 그는 돌멩이를 하나 들고서—나뭇가지나 도자기 그릇이었을지도 모르겠다—스스로에게 물었다. "이걸 반으로 자르고, 다시 반으로 자른다면 내가 계속해서 이걸 영원히 반으로 자를 수 있을까?" 그는 단호하게 아니라고 대답했다. 그는 물질을 영원히 쪼갤 수는 없다고 생각했다. 계속 쪼개다 보면 더 이상 쪼갤 수 없는 작은 알갱이에 도달할 것이라는 게 그의 추론이었던 셈이다. "나눌 수 없다"의 그리스어가 '아-토모스'(a-tomos)였기 때문에 데모크리토스는 그 가상의 물질 구성 요소를 '아톰'(원자)이라고 명명했다.

원자는 너무 작아서 감각 기관으로는 확인할 수 없었기 때문에 그것

---

* 나의 전작 『마법의 용광로』(The Magic Furnace, 2000)에서 이미 다루었다. 양자이론을 다루는 이어지는 내용을 이해하기 위해서는 원자에 관한 기본 지식을 갖추어야 하기 때문에 부득이하게 재차 설명했다. 양자이론은 기본적으로 원자 세계를 기술하는 이론이다.

작은 것들

이 '있다'는 증거를 찾는 일이 지난한 과제였다. 그러다가 수가 생겼다. 18세기에 스위스의 수학자 다니엘 베르누이가 활로를 찾아낸 것이다. 그는 원자를 직접 관찰하는 건 불가능하지만 간접적으로는 관측할 수 있을 거라고 보았다. 그는 이렇게 추론했다. "많은 수의 원자가 동시에 단체로 움직이면 인간의 감각 기관으로 분명하게 느낄 수 있을 정도로 큰 효과를 미칠 것이다." 베르누이는 자연에서 이런 현상을 찾아내기만 하면 됐다. 그리고 결국 발견해 냈는데, 바로 '기체'였다.

베르누이는 공기나 증기 같은 기체가 수십 수천억 개의 원자가 모여서 끊임없이 운동하는 것이라고 생각했다. 마치 성난 벌떼처럼 말이다. 그런 생생한 이미지를 통해 기체의 '압력'을 멋지게 설명할 수 있었다. 풍선을 부풀어 오르게 만들고, 증기기관의 피스톤을 움직이는 게 바로 기체의 압력이었다. 기체를 어떤 그릇에 가두면 안에 갇힌 원자들이 끊임없이 벽을 두드려 댈 것이다. 양철 지붕 위로 쏟아지는 우박처럼 말이다. 그 효과가 쌓이면 일정하지는 않을지라도 힘이 발생할 것이다. 물론 우리의 정밀하지 못한 감각 기관으로는 벽을 일정하게 밀어붙이는 것처럼 느껴지겠지만.

베르누이가 압력 현상을 구체적으로 설명해 줌으로써 우리는 기체 내부에서 무슨 일이 벌어지는지 훨씬 더 쉽게 그려볼 수 있게 됐다. 구체적으로 예측을 해볼 수 있게 됐다는 점이 중요하다. 기체를 원래 부피의 절반으로 짜부라뜨리면 안에 갇힌 원자들이 벽과 충돌할 때 전보다 절반만큼만 움직여도 될 것이다. 결국 원자들은 벽과 두 배 더 빠른 속도로 충돌할 테고 압력도 두 배로 커질 것이다. 기체가 원래 부피의 3분의 1로 줄어들면 원자는 3배 더 빠르게 충돌하고, 압력도 세 배 더 커질 것이다.

영국의 과학자 로버트 보일이 1660년에 정확히 이런 현상을 관찰했다. 베르누이의 그림이라는 게 빈 공간을 사방팔방으로 날아다니는 작은 알갱이, 곧 원자를 상상한 것이었기 때문에 원자가 존재할 것이라는 주장이 힘을 받게 됐다. 그러나 이런 성공담에도 불구하고 원자의 존재를 입증하는 결정적 증거는 20세기 초나 돼야 나온다. 브라운 운동이라는 애매한 현상을 해명해야만 했기 때문이다.

로버트 브라운은 1801년 플린더스 원정대에 합류해 호주를 여행한 식물학자다. 브라운 운동은 그의 이름을 따 만들어졌다. 그는 호주를 탐험하면서 그곳 식물 4,000종을 분류했는데, 그 과정에서 살아 있는 세포의 핵을 발견하기도 했다. 그러나 역사가 그를 기억하는 주된 이유는 1827년 관찰 내용 때문이다. 그는 꽃가루 알갱이가 물 속에서 부유하는 현상을 확인했다. 브라운은 꽃가루 알갱이가 보이는 불안정한 운동이 흥미로웠다. 주정뱅이가 술집을 나와 비틀거리며 집으로 가는 것처럼 꽃가루 알갱이도 물 속에서 갈지자로 움직였던 것이다.

브라운은 제멋대로 움직이는 꽃가루 알갱이의 비밀을 풀지 못했다. 알베르트 아인슈타인이 등장해 돌파구를 열었다. 26세의 청년 아인슈타인의 과학적 창조성은 활화산처럼 폭발하고 있었다. 1905년은 '기적의 해'였다. 아인슈타인은 특수상대성이론을 들고 나와 운동에 관한 뉴턴의 생각을 엎어 버렸고, 80년 묵은 브라운 운동의 미스터리마저 풀어냈다.

꽃가루 알갱이가 미친 사람처럼 정신없이 춤추는 이유는 미세한 물 분자의 끊임없는 기관총 세례를 받기 때문이라고 그는 설명했다. 사람보다 더 큰 커다란 고무풍선을 생각해 보자. 여러 사람이 운동장에서 그 풍선을 갖고 노는 장면을 떠올려 보라. 사람들이 옆 사람을 배려하지 않고 마구잡이로 아무렇게나 풍선을 쳐 낸다면 어떻게 될까? 한쪽보다 다른 한쪽에 항상 사람이 조금 더 많아야 한다고 상상하자. 이런 불균형 상태가 생기면 풍선은 운동장에서 멋대로 움직일 것이다. 꽃가루 알갱이의 불규칙 운동도 마찬가지다. 한쪽보다 다른 한쪽에서 꽃가루를 타격하는 물 분자가 조금만 더 많으면 그런 운동이 가능한 것이다.

아인슈타인은 브라운 운동을 기술하는 수학 이론을 고안해 냈다. 그 방정식을 사용하면 꽃가루 알갱이가 주변 사방의 물 분자한테서 받는 끊임없는 타격에 반응해 얼마나 멀리, 얼마나 빠르게 운동할지를 예측할 수 있다. 모든 게 물 분자의 크기에 좌우된다. 물 분자가 클수록 꽃가루 알갱이가 받는 힘의 불균형이 커지고, 그에 따라 브라운 운동도 증폭된다.

프랑스의 물리학자 장 밥티스트 페랭은 물 속에서 부유하는 '자황'[雌黃, gamboge, 캄보디아에서 나는 노랑색 고무 수지] 입자들을 관찰했다. 그는 아인슈타인의 이론이 예측한 내용과 자신의 관찰 결과를 비교해 이를 바탕으로 물 분자와 물 분자를 구성하는 원자의 크기를 추론해 낼 수 있었다. 그는 원자의 지름이 약 100억 분의 1미터라고 결론지었다. 얼마나 작은고 하니, 구두점 마침표의 지름을 이쪽 끝에서 저쪽 끝까지 채워 넣으려면 원자 1,000만 개가 필요한, 그런 크기이다.

원자는 아주 작다. 단 한 번 호흡으로 수천억 개의 원자가 이동하는데, 그것들이 지구 대기에 고루 퍼진다고 가정해 보자. 들숨 한 번으로 흡입하는 공기 속에 기점으로 삼은 날숨에 포함되었던 최초의 원자가 여러 개 들어가 있으리라는 추론이 가능하다. 원자는 그렇게나 작다. 다른 예를 들어 보겠다. 여러분이 호흡하는 모든 들숨에는 아인슈타인이 날숨으로 내뱉은 원자가 적어도 한 개 이상 들어 있다. 그 대상이 율리우스 카이사르나 마릴린 먼로일 수도 있고, 마지막 티라노사우루스 렉스일 수도 있다!

더구나 지구 '생물권'의 원자는 항상 재활용된다. 유기체는 죽으면 부패하고 그 구성 원자들은 토양과 대기로 회수되어 식물이 흡수하게 된다.

다시 그 식물을 동물과 인간이 먹는 식이다. 노르웨이 소설가 요슈타인 가아더는『소피의 세계』에 이렇게 썼다. "내 심장 근육의 탄소 원자는 한때 공룡의 꼬리 속에 있었다."

브라운 운동은 '원자가 존재함'을 입증해 주는 가장 강력한 증거로 자리를 잡았다. 이제 현미경 좀 들여다보고, 꽃가루 알갱이의 미친 춤을 관찰한 사람 가운데서 이 세계가 총알 같은 미세한 입자로 구성되었다는 것을 믿지 않는 사람은 아무도 없다. 그러나 원자의 움직임으로 일어나는 현상 가운데 하나인 꽃가루 알갱이의 불안정한 운동을 관찰했다고 해서 실제로 원자를 봤다고 주장할 수는 없는 노릇이었다. 사태가 무르익으려면 1980년까지 기다려야 한다. 그 해에 놀라운 장비가 개발되었는데, 이른바 '주사형 터널링현미경'이라는 것이다.

주사형 터널링현미경의 기본 개념은 아주 간단하다. 맹인도 누군가의 얼굴을 '볼' 수 있다. 어떻게? 대상의 표면 위로 손가락을 더듬으면서 마음 속으로 그려보면 된다. 주사형 터널링현미경도 비슷한 방식으로 작동한다. '손가락'이 금속제 손가락이라는 점이 다를 뿐이다. 구식 축음기의 바늘 같은 작은 철필을 떠올리면 되겠다. 물질의 표면에 바늘을 이동시키면서 그 상하 운동을 컴퓨터로 기록한다. 이 방법으로 원자 세계의 지형 기복을 자세히 파악해 구성할 수 있다.*

----

* 물론 바늘이 인간의 손가락처럼 표면을 느끼지는 않는다. 바늘을 하전시켜 전도체 표면에 아주아주 가깝게 가져가면 미세하지만 측정할 수 있는 전류가 바늘 끝과 표면 사이의 틈을 뛰어넘는다. 이름하여 '터널링 전류'라고 부르는 것이다. 터널링 전류에는 '틈의 너비에 극도로 예민하다'는 중요한 특성이 있다. 바늘을 표면에 조금만 더 가까이 가져가도 전류가 급격하게 증가하고, 조금만 멀리 해도 뚝 떨어진다. 터널링 전류의 양을 측정해 바늘 끝과 표면 사이의 거리를 밝힐 수 있는 셈이다. 그런 식으로 바늘에 인위적 촉감을 부여할 수 있다.

물론 그것 말고도 필요한 게 더 있다. 원리는 간단하지만 실제로 만드는 데에는 만만찮은 어려움이 도사리고 있었다. 이를 테면, 원자를 '느낄' 수 있을 정도로 미세한 바늘을 찾아내야만 했다. 노벨상 위원회도 그게 얼마나 어려운 일인지를 잘 알고 있었다. IBM 소속 연구원으로 주사형 터널링현미경을 개발한 게르트 비니히와 하인리히 로러는 1986년 노벨 물리학상을 받았다.

비니히와 로러는 인류 역사상 원자를 실제로 '본' 최초의 두 사람이었다. 그들이 만든 주사형 터널링현미경 이미지들은 과학의 역사에서 가장 주목할 만한 사진 몇 장에 들어간다. 달의 회색빛 폐허 위로 떠오르는 지구 사진, DNA를 촬영한 나선 계단 사진 등을 함께 떠올려 볼 수 있겠다. 원자는 아주 작은 축구공 같았다. 오렌지처럼도 보였는데, 줄을 맞춰 상자 안에 쌓아놓은 것 같았다. 무엇보다도 원자는, 데모크리토스가 2400년 전에 마음의 눈으로 또렷이 보았던 그대로 아주 작고 단단한 물질 알갱이였다. 실험으로 확인하기 전에 그토록 정확한 예측을 한 사람은 전에도 없었고, 앞으로도 없을 것이다.

그러나 주사형 터널링현미경이 밝힌 것은 원자의 한 측면뿐이었다. 데모크리토스가 일찌감치 눈치챘듯 원자는 쉼 없이 운동하는 작은 알갱이 이상이었던 것이다.

자연의 레고 블록

원자는 자연의 레고 블록이다. 원자는 모양과 크기가 제각각 다양하다. 여러 방법으로 원자를 조립하면 장미도 만들 수 있고, 금괴도 인간도 다 가능하다. 모든 게 조합하기 나름인 것이다.

미국의 노벨상 수상자 리처드 파인만은 이렇게 말했다. "모종의 격변이 일어나 모든 과학 지식이 사라지고, 후대에 단 한 문장만 전할 수 있다면 최소의 단어로 가장 많은 정보를 전달할 수 있는 명제는 무엇일까?" 그는 망설임 없이 답했다. "모든 것은 원자로 구성된다."

원자가 자연의 레고 블록이란 걸 증명하려면 먼저 각기 다른 원자의 종류가 존재함을 규명해야 한다. 하지만 원자가 오감으로 직접 느낄 수 없을 만큼 작기 때문에 그 과제가 만만치 않았다. 원자가 끊임없이 운동하는 물질의 작은 알갱이임을 증명하는 것만큼이나 벅찬 과제였다. 원자의 종류가 다양하다는 걸 확인하려면 딱 한 종류의 원자로만 만들어진 물질을 찾아내야 했다.

프랑스의 귀족 앙투안 라부아지에가 1789년 더 이상 어떤 수단으로도 분해할 수 없는 물질들의 목록을 작성했다. 그 목록은 23개의 '원소'로 이루어진 표였다. 몇 개는 후에 원소가 아닌 것으로 밝혀졌지만 대부분은 ― 금, 은, 철, 수은 등등 ― 는 원소라 할 만했다. 라부아지에는 1794년 단두대에서 죽음을 맞이한다. 그가 죽고 40년쯤이 흐르자 원소의 목록은 거의 50개에 육박했다. 오늘날 우리는 가장 가벼운 수소에서 가장 무거운 우라늄에 이르기까지 자연 발생적으로 존재하는 원소를 92개까지 알고 있다.

그건 그렇고, 한 원자를 다른 원자와 구별해 주는 것은 무엇일까? 다시 말해, 수소 원자는 우라늄 원자와 어떻게 다를까? 각각의 내부 구조를 밝혀내야만 해답을 얻을 수 있을 터였다. 그러나 원자는, 으악! 터무니없이 작다. 원자의 내부를 들여다볼 수 있는 방법을 고안해 낼 수 있을까? 불가능한 과제처럼 보였다. 그런데 한 남자가 그걸 해냈다. 뉴질랜드 출신의 어니스트 러더퍼드라는 사람이었다. 그의 독창성은 원자를 들여다보기 위해 다른 원자를 사용해 보자는 데 있었다.

교회당으로 날아든 나방

원자의 구조를 드러내는 현상이 '방사능'이라는 사실을 프랑스의 화학자 앙리 베크렐이 1896년에 발견했다. 이어, 1901년부터 1903년 사이에 러더퍼드와 영국의 화학자 프레드릭 소디가 방사성 원자가 에너지 과잉으로 펄펄 끓는 무거운 원자라는 강력한 증거를 찾아냈다. 방사성 원자는 1초, 1년 또는 100만 년 후까지도 반드시 그 잉여 에너지를 발산한다. 어떻게? 일종의 입자를 빠른 속도로 방출하는 게 놈들의 방식이다. 물리학자들은 방사성 원자가 '붕괴'해 조금 더 가벼운 원소의 원자로 바뀌는 과정이라고 설명한다. 그 붕괴 입자 가운데 하나가 알파 입자다. 러더퍼드와 약관의 독일 물리학자 한스 가이거는 알파 입자가 수소 다음으로 가벼운 원소인 헬륨 원자임을 밝혔다.

1903년 러더퍼드는 방사성 라듐 원자에서 방출되는 알파 입자의 빠르기를 측정했다. 초당 '2만 5,000킬로미터'라는 놀라운 속도였다. 요즘 날아다니는 제트기보다 10만 배 더 빠른 속도다. 그때 러더퍼드는 깨달았다. 원자에 쏘아서 내부 깊숙이 뭐가 들어 있는지를 알아낼 완벽한 총알을 얻었다고.

단순한 아이디어였다. 원자에 알파 입자들을 쏜다. 그것들이 진로를 방해하는 뭔가와 부딪치면 경로를 이탈할 것이다. 수천 수만 개를 쏘면서 어떻게 굴절되는지 관찰하면 원자의 내부 지도를 자세히 그려볼 수 있을 것이다.

1909년에 러더퍼드의 실험을 수행한 사람은 가이거와 뉴질랜드 출신의 젊은 물리학자 어니스트 마스던이었다. 그들은 '알파 입자 산란' 실험에 라듐을 사용했다. 라듐의 알파 입자 방출은 미시 세계의 불꽃놀이라 할 만하다. 시료를 실틈이 있는 납 차폐물 뒤에 놓았다. 알파 입자의 흐름을 실처럼 가늘게 뽑아 멀리까지 뻗어나가게 하려는 조치였다. 극초소형 탄환을 난사하는 이 세상에서 가장 작은 기관총이 탄생했다.

가이거와 마스던은 사로에 금박을 설치했다. 이 종잇장은 원자 수천 개 정도가 포개진 두께였다. 금박의 두께가 중요했다. 어느 정도였냐 하면, 소형 기관총에서 발사되는 알파 입자가 전부 통과할 수 있을 만큼 원자의 개수가 적었다. 그러나 탄환의 일부가 통과하다가 경로가 살짝 틀어질 만큼 금 원자와 가깝게 지나갈 정도로는 그 개수가 많기도 했다.

가이거와 마스던이 실험하던 당시에 이미 원자 내부에 있는 입자 '하나'가 확인된 상황이었다. 영국의 물리학자 J. J. 톰슨이 1895년에 전자를 발견한 것이다. 전자는 터무니없이 작았다. 심지어 수소 원자보다 약 2,000배나 더 작았다. 전자가 터무니없이 작고 전기를 띤, 딱 집어서 말하기 어려운 입자들임도 밝혀진 상태였다. 원자에서 튕겨나와 자유로운 상태에 놓인 전자가 다른 전자 수십억 개와 함께 구리선을 따라 소용돌이 치며 흐르는 현상이 전류 현상이다.

전자는 원자를 구성하는 첫 번째 기본 입자다. 전자는 음전하를 띠었다. 전하가 정확히 무엇인지 아는 사람은 아무도 없다. 양과 음으로, 두 가지 형태라는 것만 알 뿐이다. 원자로 이루어진 보통 물질은 전하를 갖지 않는다. 그렇다면 원자는 보통 전자들의 음전하가 어떤 다른, 그러니까 음전하에 반대되는 양전하 같은 것에 의해 항상 완벽한 균형 상태를 이루고 있으리라는 추론이 가능하다. 왜냐하면 서로 다른 전하는 서로를 당기는 반면 같은 전하는 서로 반발한다는 게 전하의 특성이니까. 결과적으로 원자 내부에는 '음'으로 하전된 전하와 '양'으로 하전된 전하 사이에 서로를 끌어당기는 힘이 작용하는 셈이다. 이 끌어당기는 힘이 하나의 입자를 만들어 내는 것이다.

톰슨은 전자를 발견하고 나서 오래지 않아 그 결과를 바탕으로 사상 최초로 과학적인 원자 모형을 제안했다. 그가 떠올린 그림은 이런 것이었다. 양전하가 골고루 흐트러져 있는 공에 아주 작은 전자들이 푸딩에 건포도처럼 박혀 있는 원자. 가이거와 마스던은 알파 입자 산란 실험으로 톰슨의 푸딩 모형을 확인할 수 있을 것으로 기대했다.

그들은 실망하지 않을 수 없었다.

톰슨의 푸딩 모형을 반박하는 실험 결과가 나왔던 것이다! 결과는 드물게 나타났지만 주목할 만한 사태였다. 소형 기관총으로 발사한 알파 입자 8,000개마다 한 개꼴로 금박에 부딪치고는 되튀었던 것이다!

톰슨의 푸딩 모형에 따르면 원자는 골고루 흐트러져 있는 양전하에 핀으로 찌른 듯이 박혀 있는 수많은 전자들로 구성되었다. 그런데 가이거와 마스던이 얇은 금박에 대고 쏘아 댄 알파 입자들은 아원자 세계의 멈추지 않는 특급 열차였다. 알파 입자는 전자보다 약 8,000배 더 무거웠다. 그렇게 묵직한 입자가 전자에 부딪쳤다고 튕겨져 나가다니! 마치 고속 열차가 유모차에 부딪쳐 탈선하는 것만큼 불가능해 보였다. 러더퍼드는 중얼거렸다. "종이에 대고 15인치 포탄을 쐈는데 맞고 되돌아오다니, 믿을 수가 없군!"

가이거와 마스던의 그 놀라운 실험 결과는, 원자가 얄팍한 존재가 아님을 의미했다. 안쪽 깊숙한 곳에 존재하는 무언가가 그 특급 열차의 방향을 틀어놨음이 분명했다. 이 알 수 없는 존재는 원자의 정중앙에 똬리를 틀고 앉아 발사된 양전하의 알파 입자를 튕겨 낸다. 즉 이 녀석은 같은 성질을 밀어내는 전하의 특성에 따라 '양전하'이며 그 많은 알파 입자를 강하게 되튕겨 낼 정도로 큰 '덩어리'임이 분명했다. 묵직한 알파 입자한테 얻어맞고도 천당으로 가지 않은 것으로 봐서 틀림없이 발사된 입자들보다 훨씬 더 묵직해야 했다. 따라서 그 덩어리는 원자 질량의 대부분을 차지할 법했다.

러더퍼드가 '원자핵'을 발견한 것이다.

새롭게 그려진 원자 내부의 상상도는 톰슨의 푸딩 모형과 달랐다. 작은 태양계를 떠올려 보자. 음으로 하전된 전자들이 양전하의 핵에 붙잡혀 궤도를 선회하는 그림을. 행성들이 태양의 주위를 도는 것처럼 말이다. 원자핵은 최소한 알파 입자만큼은 묵직해야 한다. 아니 훨씬 더 무거워야 할텐데, 충돌하고도 방출되지 않으려면 말이다. 그렇게 따져 보면 원자핵에는 원자 질량의 99.9퍼센트 이상이 담겨야만 한다는 결론이 나온다.*

원자핵은 아주, 아주 작았다. 자연이 커다란 양전하를 아주 작은 부피로 우겨넣어야만 원자핵이 알파 입자를 유턴시킬 수 있을 정도로 커다란 척력을 행사할 수 있을 것이다. 러더퍼드의 원자 모형 구상에서 가장 혁신적이었던 것은 그가 대담하게도 빈 공간을 상정했다는 점이다. 극작가 톰 스토퍼드가 희곡 『햅굿』에서 이 점을 유려하게 지적했다. "주먹을 쥐어 보라. 당신의 주먹이 원자핵이라면 원자는 세인트 폴 성당이다. 그 원자가 수소 원자라고 가정해 보자. 당연히 선회하는 전자가 하나뿐이겠지.

---

* 후에 물리학자들은 원자핵이 두 종류의 입자로 구성되어 있다는 사실을 발견한다. 양으로 하전된 양성자와 전기적으로 중성인 중성자가 그것들이다. 원자핵에 들어 있는 양성자의 개수는 주변 궤도를 선회하는 전자의 수와 정확히 일치한다. 원자들의 차이는 원자핵 속에 들어 있는 양성자의 개수에 따라 달라진다(궤도를 선회하는 전자의 수에 따라 달라진다고도 할 수 있을 것이다). 예를 들어, 수소 원자핵에는 한 개의 양성자가, 우라늄에는 무려 92개가 있다.

텅 빈 성당을 날아다니는 나방을 떠올려 보라. 천장으로 날아가다 제단으로 날아가다 하는."

이 세계는 속이 꽉 차 단단할 것 같지만 사실 귀신이나 다름없을 정도로 실체가 불분명하다. 의자든 인간이든 별이든 그 형태가 무엇이든 물질은 거의 전부가 빈 공간이다. 원자가 지니는 속성은 믿을 수 없을 정도로 작은 원자핵에 달려 있었다. 그런데 그 원자핵은 원자보다 10만 배 더 작다.

이 내용을 다른 식으로 풀어서 얘기해 볼까. 물질은 극도로 희박하게 흩어져 있다. 그 모든 빈 공간을 짜내는 게 가능하다면 물질은 거의 아무런 공간도 차지하지 않을 것이다. 실제로도 그런 일이 일어난다. 인류를 각설탕 크기의 공간에 짜부라뜨려 집어넣을 수 있는 간단한 방법은 존재하지 않을지도 모르지만 거대한 별을 구성하는 물질은 최대한 작은 부피로 짜부라뜨릴 수 있는 방법이 있다. 어마어마하게 강력한 중력으로 꽉 압착이 일어난 결과가 바로 중성자별이다. 그 과정을 거치면 태양만한 천체의 엄청난 질량이 에베레스트 산만한 부피로 축소된다.*

믿기 어려운 원자

러더퍼드의 원자 모형은 실험 과학의 위대한 승리였다. 그는 전자들이 태양 주위를 공전하는 행성들처럼 고밀도의 원자핵 주위를 빠르게 선회하는 미니 태양계를 제시했다. 다만 불행하게도 약간 문제가 생겼다. 기존의 물리학 지식 내용과 맞는 게 하나도 없었던 것이다!

---

* 4장 '불확정성의 원리와 지식의 한계'에서 더 구체적으로 알 수 있다.

맥스웰의 전자기 이론은 전기 현상과 자기 현상을 통합적으로 설명하는 근사한 이론이다. 그에 따르면 하전된 입자가 가속도 운동을 하면서 속도와 방향을 바꾸면 전자기파가 나온다고 한다. 전자기파는 빛이다. 전자는 하전된 입자로 원자핵 주위를 돈다. 무슨 말인고 하니, 계속해서 방향을 바꾼다는 얘기다. 공간에 끊임없이 광파를 퍼뜨리는 작은 등대를 떠올려 보라. 이런 상황이라면 원자에 재앙이 발생할 것이다. 요컨대 빛으로 방출되는 에너지가 어딘가에서 나와야 하고, 그 대상은 전자일 수밖에 없다. 지속적으로 에너지를 빼앗긴 전자는 원자의 중심부로 빨려들어 가야만 한다. 계산해 봤더니, 전자가 원자핵과 충돌하는 데 걸리는 시간이 1억분의 1초 이내였다. 본래대로라면 원자는 존재해서는 안 되었다.

그러나 원자는 존재한다. 우리와 주변 세계가 그 증거이다. 원자는 1억분의 1초 후에 소멸해 버리기는커녕 140억 년 전 우주 탄생 초기부터 뻔뻔스럽게 건재하고 있다. 러더퍼드의 원자 모형에 뭔가 결정적 요소가 빠졌음에 틀림없다. 우리는 이제 완전히 새로운 종류의 물리학을 공부할 것이다. 그 결정적 요소가 바로 양자이론이다.

작은 것들

2

신이 우주를 두고 주사위 놀이를 하는 이유

: :

우리는 어떻게 발견했을까.
원자 세계에서는 사건들이
아무런 이유 없이 발생한다는 사실을.

철학자들은 말했다. "동일한 조건은 동일한 결과를 낳는다는 명제야말로 과학이
존재하기 위한 필수 조건이다." 글쎄, 그렇진 않은 것 같은데…

_ 리처드 파인만

서기 2025년. 100미터 크기의 거대한 망원경이 적막한 산꼭대기에서 밤
하늘을 관측하고 있다. 망원경은 관측 가능한 우주의 가장자리에 있는 원
시 은하를 자동 추적 중이다. 지구가 탄생하기 오래 전부터 우주 공간을
여행해 온 희미한 빛이 망원경의 거울에 의해 고감도 전파 감지기에 집
적된다. 천문대 안, 천문학자들은 항성간 우주선 엔터프라이즈 호의 콘솔
과 다르지 않은 제어반 앞에서 컴퓨터 모니터 상의 모호한 은하 이미지를
살펴본다. 누군가가 확성기를 크게 틀자 귀청이 터질 것 같은 음향이 조
종실을 가득 채운다. 기관총이 발사되는 소리 같기도 하고, 양철 지붕 위

에 쏟아지는 빗소리 같기도 하다. 하지만 실제로 그것은, 우주 저 너머 깊은 곳에서 날아온 미세한 빛 입자들이 망원경의 감지기를 빗방울처럼 두드리는 소리였다.

직업이 천문학자여서 우주에 존재하는 가장 미약한 빛을 관측하려고 애쓰는 사람들은 빛이 총알처럼 생긴 미세한 알갱이들, 곧 광자들의 흐름이라는 것을 분명하게 알고 있다. 그러나 얼마 전까지만 해도 과학자들은 그 사실을 받아들이려고 하지 않았다. 한바탕 난리를 치르고서야 비로소 그 생각이 받아들여졌다. 빛이 불연속적 덩어리, 곧 '양자'(量子)로 존재한다는 사실이야말로 과학의 역사에서 가장 쇼킹한 발견일 것이다. 그 발견으로 20세기 이전 과학의 안락한 담요가 날아가 버렸다. 물리학자들은 『이상한 나라의 앨리스』식 우주라는 엄혹한 현실과 대면했다. 이 우주에서 사건들은 일어나기 때문에 그냥 일어난다. 원인과 결과라는 명약관화했던 법칙이 완전히 무시되는 것이다.

빛이 광자로 이루어졌다는 것을 깨달은 최초의 인물은 아인슈타인이었다. 그는 빛을 미세한 입자들의 흐름으로 상정해 광전효과 현상을 설명할 수 있었다. 수퍼마켓 출입구에서 문이 자동으로 열리는 것을 알 것이다. 그 문은 광전효과로 제어된다. 특정한 금속은 빛에 노출되면 전기 입자, 곧 전자를 내놓는다. 그런 금속을 광전지로 짜놓으면 광선이 비추는 한 작은 전류가 발생한다. 여러분이 쇼핑객으로 변신해 그 광선을 차단해 버리면 전류 발생이 중단되고, 그걸 신호로 수퍼마켓 출입문이 열리는 것이다.

아주 약한 빛을 사용해도 금속에서 바로 전자가 방출된다는 사실은 광전효과의 여러 독특한 특징 가운데 하나다. 거듭 말하지만, 전혀 지체하지 않는 것이다.* 빛이 파동이라면 이 현상을 절대로 해명할 수 없다. 파동은 확산하는 성질이 있고, 금속의 많은 전자와 상호 작용하기 때문이다. 결국 일부 전자는 다른 전자를 좇아 나중에 튕겨나오게 된다. 금속에 빛을 비추면 일부 전자는 10분쯤 후에 방출되어야 하는 것이다.

그렇다면 전자가 금속에서 즉시로 튕겨나오는 게 어떻게 가능할까? 방법은 하나뿐이다. 각각의 전자가 개별 빛 알갱이에 의해 금속에서 튕겨나오는 것이다.

빛이 총알 같은 미세한 알갱이로 이루어져 있다는 훨씬 더 강력한 증거가 있다. 바로 콤프턴 효과이다. 전자가 고에너지 형태의 빛인 X선에 노출되면 당구대의 당구공들처럼 되튄다.

빛이 작은 알갱이들의 흐름처럼 작용하고 반응한다는 사실은 언뜻 보면 그리 대단해 보이지 않는다. 그러나 이 발견에는 놀라운 비밀이 숨어 있다. 빛이, 흔히 생각할 수 있는 것처럼 입자들의 흐름과는 다른 것, 곧 파동이라는 증거가 압도적으로 많기 때문이다.

우주의 잔물결

19세기 초에 영국의 의사 토머스 영이 흥미로운 실험을 했다. 프랑스인장 프랑수아 샹폴리옹과 별도로 로제타 석의 명문을 해독한 그 유명한 내

---

* 광전 효과의 다른 재미있는 특징으로, 일정한 분계점 이상의 파장—연속하는 파동의 마루들 사이의 거리를 측정한 값—을 갖는 빛을 비출 경우 금속이 전자를 전혀 방출하지 않는다는 사실을 들 수 있다. 아인슈타인이 깨달은 것처럼, 이것은 파장이 길어짐에 따라 광량자의 에너지가 하락하기 때문이다. 실제로 일정한 파장 이상의 광자는 금속에서 전자를 튕겨낼 만큼 충분한 에너지를 갖지 못한다.

신이 우주를 두고 주사위 놀이를 하는 이유

과의 말이다. 그는 빛을 통과시키지 않는 막에 아주 가까운 거리를 두고 두 개의 실틈을 만든 다음 단색광을 비추는 실험을 했다. 빛이 파동이라면 각각의 실틈이 새로운 파동원(源)으로 기능할 것이고, 두 개의 파동이 연못의 동심원 물결처럼 다른 영사막으로 퍼져 나가리라는 게 그의 생각이었다.

파동이 선보이는 전형적인 특성은 간섭이다. 비슷한 파동 두 개가 서로를 통과한다고 해보자. 한 파동의 마루가 다른 파동의 마루와 일치하면 서로를 강화하고, 한 파동의 마루가 다른 파동의 골과 일치하면 서로 상쇄된다. 소나기가 올 때 물 웅덩이를 유심히 살펴보라. 각각의 물방울에서 생긴 잔물결이 퍼져 나가면서 '보강하는 방식'과 '상쇄하는 방식'으로 서로에게 영향을 미친다(간섭)는 것을 알 수 있을 것이다.

영은 두 개의 실틈에서 뻗어나가는 빛의 경로 상에 두 번째 하얀 영사막을 끼워 넣었다. 그 즉시 어둡고 밝은 줄무늬가 교대로 나타나는 것을 볼 수 있었다. 수퍼마켓에서 볼 수 있는 바코드와 꼭 닮은 모양이었다. 이 간섭무늬야말로 빛이 파동이라는 반박할 수 없는 증거였다. 두 개의 실틈에서 나온 빛의 파문이 마루끼리 일치하는 곳에서는 빛의 밝기가 증가했고, 어긋나는 곳에서는 빛의 밝기가 감소했던 것이다.

영은 자신의 이중슬릿(겹실틈) 실험 기구를 사용해 빛의 파장도 알아낼 수 있었다. 그는 빛의 파장이 겨우 1,000분의 1밀리미터라는 사실을 확인했다. 사람의 머리카락 굵기보다 훨씬 더 작은 길이이니 빛이 파동임을 아무도 생각해 내지 못한 것도 무리는 아니다.

빛이 우주의 바다를 떠도는 잔물결이라는 영의 생각은 이후로 2세기 동안 빛과 관련된 모든 현상을 설명하는 데서 위세를 떨쳤다. 그러나 19세기 말엽부터 낭패스런 분위기가 감돌았다. 물론 처음부터 그 사실을 깨달은 사람은 거의 없었지만 말이다. 빛이 파동이라는 생각과 원자가 물질을 구성하는 미세한 티끌이라는 생각은 양립할 수가 없는 것이었다. 빛이 물질과 만나는 부분에서 문제가 불거졌다.

동전의 양면

빛과 물질의 상호 작용은 일상 세계에서 아주 중요하다. 전구의 필라멘트 안에 들어 있는 원자가 빛을 내뿜지 않으면 우리는 집을 밝힐 수 없다. 눈의 망막 속에 들어 있는 원자가 빛을 흡수하지 못하면 이 책의 활자를 읽을 수 없다. 빛이 파동이라면 원자에 의한 빛의 방출과 흡수를 이해할 수 없다는 게 문제였던 것이다.

원자는 고도로 집적된 물체다. 이 말은 원자가 미세한 공간에 제한되어 있다는 얘기이다. 반면에 빛 파동은 퍼져 나가면서 많은 공간을 가득 채우는 물체이다. 그렇다면 원자가 빛을 흡수한다고 할 때 그토록 커다란 물체가 그렇게 미세한 물체에 어떻게 압착되어 비집고 들어간다는 얘기일까? 원자에 의해 빛이 방출될 때는 또 어떤가? 그렇게 작은 물체가 도대체 어떻게 그렇게 커다란 물체를 내뱉을 수 있다는 말인가?

작은 규모로 집적된 물체가 빛을 흡수하고 방출할 수 있으려면 빛 역시도 작은 규모로 집적되어야만 한다는 게 상식의 답변이다. 하지만 빛은 파동이라면서! 물리학자들은 이 난제를 해결하기 위해 분루를 삼키면서 마지못해 다음과 같은 사실을 받아들였다. 빛은 파동이면서 동시에 입자다! 그러나 어떤 물체가 아주 작은 공간에 집적되어 있으면서 동시에 확산될 수 없다는 것은 분명한 사실 아닌가? 생활 세계에서는 이 말이 완벽한 진실이다. 그러나 결정적으로 우리는, 일상의 세계를 논하고 있지 않다. 우리는 미시 세계를 다루는 중이다.

원자와 광자가 활약하는 미시 세계는 나무와 구름과 사람들이 등장하는 낯익은 무대와는 완전히 딴판인 세상이라는 게 밝혀졌다. 그곳이 익숙한 대상들이 속해 있는 영역보다 수백만 배 더 작은 세계라고 해서 왜 그래야 하는 것일까? 아무튼 빛은 실로 입자이면서 동시에 파동이다. 아니 더 정확하게 얘기해 보자. 빛은 (입자도 파동도 아닌) 또다른 '무엇'이다. 우리의 일상 언어에는 적당한 말이 없다. 생활 세계에서 비유를 통해 유추할 수 있는 방법도 전혀 없는 것 같다. 그래도 굳이 비유를 해보자면, 동전에 두 개의 면이 있는 것처럼 빛에 입자적 측면과 파동적 측면이 있다는 것만을 겨우 알고 있는 정도라고 할 수 있겠다. 맹인이 파랑색을 알 수 없듯이 우리도 빛의 실체를 알 수 없다.

빛은 어떤 때는 파동처럼 반응하고, 어떤 때는 입자들의 흐름처럼 작용한다. 20세기 초에 활약한 물리학자들은 이 사실을 받아들이는 것을 극도로 꺼려했다. 그러나 그들에게는 다른 선택의 여지가 없었다. 자연이 그들에게 그렇게 말하고 있었으니까. 영국의 물리학자 윌리엄 브래그는 1921년에 이런 농담까지 했다. "월요일과 수요일과 금요일에는 파동 이론을 가르치고, 화요일과 목요일과 토요일에는 입자 이론을 가르친다."

브래그의 실용주의는 존경해 줄 만하다. 그러나 그것만으로는 물리학을 재난에서 구출할 수 없었다. 빛의 파동-입자 이중성이 재앙이라는 것을 최초로 깨달은 사람은 아인슈타인이었다. 일단 그 이중성을 시각화한다는 게 불가능했다. 사태는 여기서 그치지 않았다. 이전의 모든 물리학 지식과 완전히 어긋난다는 게 더 큰 문제였던 것이다.

확실성과 작별하다

창문을 들여다 보자. 창문에 가까이 다가서면 얼굴이 희미하게 비칠 것이다. 유리가 100퍼센트 완벽하게 투명하지 않기 때문이다. 유리창은 입사되는 빛의 95퍼센트가량을 투과시키고, 나머지 5퍼센트는 반사한다. 빛이 파동이라면 쉽게 이해할 수 있는 상황이다. 파동이라면 창문을 통과하는 큰 파동과 반사되는 훨씬 더 작은 파동으로 간단하게 나눌 수 있기 때문이다. 쾌속정이 바다를 가르며 나아가면 생기는 선수파(船首波)를 떠올려 보라. 물 위에 떠 있는 나무토막과 부딪쳐도 파동의 커다란 부분은 계속해서 진행하지만 작은 부분은 급히 되돌아간다는 걸 알고 있을 것이다.

빛이 파동이라면 이런 현상을 쉽게 이해할 수 있지만 총알처럼 꼭 같은 입자들의 흐름이라면 이해하기가 아주 어려워진다. 요컨대 광자가 전부 동일하다면 창문이 개별 광자에 똑같은 방식으로 일일이 영향을 미쳐야 한다. 이쯤에서 프리킥의 달인 데이빗 베컴을 떠올려 보자. 베컴이 반복해서 골문을 향해 공을 차고 있다. 축구공이 똑같이 만들어졌고, 베컴도 매번 동일한 발재간과 강도로 공을 찬다면 축구공들 역시 똑같은 궤적을 그리며 날아가 골문의 동일한 지점에 꽂힐 것이다. 대부분의 축구공이 동일한 지점에 꽂히는 와중에 공 몇 개가 옆줄 밖으로 날아간다는 걸 어떻게 상상할 수 있단 말인가?

동일한 광자들의 흐름이 창문과 부딪쳤다. 자, 이 가운데 95퍼센트는 창문을 통과하고 5퍼센트는 되돌아오게 하려면 어떻게 해야 할까? 다시 아인슈타인이 등장한다. 그가 가능한 유일한 방법을 내놓았다. '동일하다'는 말이 미시 세계에서는 생활 세계와 아주 다른 의미를 갖는다면 가능할 수도 있다는 게 그 해결책이었다. 미시 세계에서는 '동일성'의 의미가 축소되고 손상되는 것이다.

미시 세계에서는 동일한 입자들도 동일한 상황에서 동일한 방식으로 반응하지 않는다. 오히려 이런 식이라고 할 수 있다. 동일한 입자들은 특정한 방식으로 반응할 가능성(확률)이 같을 뿐이다. 창문에 도달한 개별 광자는 다른 광자들과 정확히 동일한 확률을 갖는다. 그러니까 개별 광자가 유리창을 통과할 확률이 95퍼센트이고, 반사될 확률도 동일하게 5퍼센트라는 얘기이다. 특정 광자에 무슨 일이 일어날지 구체적으로 알 수 있는 방법은 전혀 없다. 개별 광자가 통과될지 반사될지는 완전히 우연(우발)이다.

20세기 초에는 예측할 수 없다는 이 관념이 너무나도 새로워 충격으로 다가왔다. 카지노에서 룰렛 도박을 한다고 치자. 바퀴가 회전하면 구슬이 통통거린다. 바퀴가 멈추면 구슬이 어떤 번호 위에 안착하게 될지 알수 없다고 생각할 것이다. 그러나 사실은 그렇지 않다. 정말이다. 공의 초기 궤도, 바퀴의 최초 속도, 시시각각으로 바뀌는 카지노 내부의 기류 등등을 알 수만 있다면 물리학의 법칙을 활용해 구슬이 어디에 안착할지를 100퍼센트 정확하게 예측할 수 있다. 동전 던지기도 똑같다. 던질 때 가해지는 힘, 동전의 정확한 모양 등등만 알면 물리학의 법칙을 동원해 앞면이 나올지 뒷면이 나올지 100퍼센트 정확하게 예측할 수 있다.

생활 세계에서 기본적으로 예측 불가능한 것이란 없다. 정말이지 무작위로 일어나는 것은 없다. 우리가 룰렛 게임이나 동전 던지기의 결과를 예측할 수 없는 것은 다루고 처리해야 할 정보가 너무 많기 때문이다. 그러나 원리 상으로는 우리의 예측 능력을 방해하는 것은 존재하지 않는다고 할 수 있다. 요점은 그것이다.

이 사실을 광자가 활약하는 미시 세계와 비교해 보자. 우리가 다루고 처리할 수 있는 정보의 양은 전혀 중요치 않다. 특정 광자가 창문을 투과할지 반사될지 예측할 수 없는 것이다. 원리상으로도 그렇다는 게 핵심이다. 룰렛 구슬의 결과에는 원인이 있다. 거기에는 미세한 힘이 무수하게 상호 작용한다. 반면 광자는, 귀착되는 결과에 이유가 없다! 미시 세계의 예측 불가능성은 중요하고도 근본적인 문제이다. 이 사실은 하늘 아래 완전히 새로운 사실인 것이다.

광자의 진실이 미시 세계의 온갖 주민들에게도 꼭 들어맞는다는 것이 밝혀졌다. 폭탄이 터지는 이유를 생각해 보자. 당연히 시한 장치가 가동되었을 것이다. 진동이 원인일 수도 있다. 화학 물질이 갑자기 변했을 수도 있겠다. 불안정한, 그러니까 '방사성' 원자는 그냥 붕괴한다. 지금 붕괴하는 방사성 원자와 1,000만 년을 조용히 기다렸다가 붕괴하는 동일 원자를 식별할 수 있는 차이는 전혀 없다. 창문을 볼 때마다 여러분이 마주하는 쇼킹한 진실은, 온 우주가 아무렇게나 무작위적 확률로 만들어졌다는 것이다. 아인슈타인은 이 사실과 개념에 기분이 몹시 상했다. 입을 삐죽 내밀고 이렇게 투덜거릴 정도였다. "신이 우주를 두고 주사위 놀이를 하지는 않을 것이다!"

천만에! 신은 주사위 놀이를 한다. 영국의 물리학자 스티븐 호킹의 능글맞은 재담을 들어볼까? "신은 우주를 두고 주사위 놀이를 할 뿐만 아니라 그 놈의 주사위를 우리가 찾을 수 없는 곳에다 던져 버리기까지 한다!"

1921년에 아인슈타인에게 주어진 노벨 물리학상은 유명한 상대성이론이 아니라 광전효과를 치하했다. 노벨상 위원회가 정신이 나간 게 아니다. 아인슈타인 스스로도 자신의 '양자' 작업이 진정으로 혁명적인 과학에서 자신이 이룩해 낸 유일한 업적이라고 생각했다. 노벨상 위원회도 같은 생각이었다.

빛과 물질을 화해시키려는 고투 속에서 탄생한 양자이론은 이전의 모든 과학 내용과 근본적으로 충돌했다. 기본적으로 1900년 이전의 물리학은, 절대적 확실성 속에서 미래를 예측하기 위한 방법론이라고 할 수 있었다. 행성이 지금 현재 특정한 위치에 있다면 하루 동안 다른 위치로 이동했을 테고, 뉴턴의 운동 법칙과 중력의 법칙을 활용하면 100퍼센트 정확하게 그 지점을 예측할 수 있다. 이 사실을 공간을 날아다니는 원자와 비교해 보자. 확실히 알 수 있는 것은 아무 것도 없다. 우리가 예측할 수 있는 것이라고는 그 원자가 있음 직한 경로와 최종 위치뿐이다.

양자가 불확실성에 기초하고 있다면 나머지 물리학은 확실성에 근거하고 있다. 이게 물리학자들의 문제라고 말한다면 상당히 에두른 표현이다! 리처드 파인만의 말을 들어보자. "물리학은 특정한 상황에서 무슨 일이 일어날지 예측하려던 노력을 포기했다. 우리는 다만 확률을 얘기할 수 있을 뿐이다."

그러나 모든 걸 다 잃은 것은 아니다. 전혀 예측할 수 없다면 미시 세계는 완전한 혼돈의 세계일 것이다. 그러나 상황이 그렇게까지 나쁘지는 않다. 원자와 아원자 입자들이 무얼 할지 예측할 수 없음에도 불구하고, 적어도 그 예측 불가능성만큼은 예측할 수 있다는 사실이 밝혀진 것이다!

예측 불가능성을 예측하기

다시 창문으로 돌아가자. 각각의 광자는 투과될 확률이 95퍼센트이고, 반사될 확률이 5퍼센트이다. 그런데 이 확률은 뭐가 결정할까?

입자와 파동이라는, 빛에 관한 상이한 두 가지 상(象, 그림)이 동일한 결과를 내놓아야만 할 것이다. 절반의 파동이 유리창을 통과하고, 절반은 반사된다면 파동성과 입자성을 조화시킬 수 있는 유일한 방법은 각각의 개별 빛 입자가 투과될 확률 50퍼센트, 반사될 확률 50퍼센트여야만 한다. 마찬가지다. 파동의 95퍼센트가 투과되고 5퍼센트가 반사되려면 그에 조응해서 개별 광자들의 투과 확률과 반사 확률이 각각 95퍼센트와 5퍼센트여야만 한다.

두 가지 그림을 일치시키려면, 빛의 입자적 측면이 파동적 측면에서 반응하는 방식과 관련해 어떤 식으로든 미리 서로 알아야 한다. 다시 말해, 미시 세계에서는 파동이 단순히 입자처럼 행동하는 것뿐만 아니라 때로는 입자들이 파동처럼 행동하기도 한다. 여기에는 완벽한 대칭성이 존재한다. 사실 어떤 의미에서 보면, 양자이론과 관련해 여러분은 이 사실만 알면 된다고도 할 수 있다(몇 가지 세부 사실을 제외한다면). 다른 모든 것은 줄줄이 사탕처럼 그냥 따라 나온다. 미시 세계가 선보이는 그 모든 불가사의한 현상들은 이 근본적 구성 요소가 지니는 파동-입자 '이중성'의 결과이다.

그런데 빛의 반응 및 작용 양상과 관련해 파동적 측면이 입자적 측면을 정확히 어떻게 미리 서로를 안다는 것일까? 결코 답하기 쉬운 문제가 아니다.

빛이 드러나는 방식은 입자들의 흐름이거나 파동이다. 우리는 동전의 양면 전체를 동시에 볼 수가 없다. 입자들의 흐름으로 빛을 관찰할 경우 그 행동 방식과 관련해 어떠한 파동도 입자들을 미리 서로 알지는 못한다. 광자들이 파동의 지시를 받는 것처럼 반응하고 작용한다——이를 테면, 창문을 통과하듯이——는 사실을 해명하는 데서 물리학자들이 어려움을 느끼는 것도 그 때문이다.

그들은 기발한 방법으로 이 문제를 해결했다. 물리학자들은 진짜 파동을 머리 속에서 지워 버리고 추상적 파동, 그러니까 수학적 파동을 상상했다. 황당한 발상이라고 하지 않을 수가 없다. 1920년대에 오스트리아의 물리학자 에르빈 슈뢰딩거가 이런 생각을 처음 제출했을 때 과학자들의 반발도 만만치 않았다. 슈뢰딩거는 추상적ㆍ수학적 파동을 상상했다. 그 파동은 공간을 퍼져 나가고, 장애물을 만나면 반사되거나 통과한다. 연못 위에서 퍼져 나가는 물결파와 꼭 같다. 파고가 큰 곳에서는 입자가 발견될 확률이 가장 높았고, 파고가 작은 곳에서는 그 확률이 가장 낮았다. 슈뢰딩거의 확률 파동은 이런 식으로 파동함수를 사용하면서 입자의 행동 방식을 특정했다. 그리고 그 대상은 광자만이 아니었다. 원자에서 (전자처럼) 원자를 구성하는 아원자 입자들에 이르는 미시 세계의 모든 입자들이 확률 파동을 따라야 했다.

여기에는 미묘한 난해함이 도사리고 있다. 물리학자들은, 특정 위치에서 입자를 발견할 확률이 그 위치에서 확인되는 확률 파동의 높이의 제곱과 관계를 맺을 때에만 슈뢰딩거의 제안이 실재와 일치하도록 할 수 있었다. 다시 말해, 공간에서 특정 지점의 확률 파동이 다른 지점에서보다 두 배 더 크면 입자는 다른 지점에서보다 거기서 발견될 확률이 네 배 더 많다는 얘기이다.

실질적인 의미를 갖는 게 확률 파동 자체가 아니라 확률 파동의 높이의 제곱이라는 사실 때문에 오늘날까지도 논란이 분분하다. 파동이 세계의 이면에 잠복해 있는 실재인지, 아니면 사태를 계산해 내기 위해 급조된 편리한 수학적 장치에 불과한 것인지 말이다. 다는 아니지만 대부분의 사람들은 후자의 견해를 지지한다.

확률 파동이 결정적으로 중요한 까닭은, 그것이 물질의 파동적 측면과 (물결파에서 음파나 지진파에 이르기까지) 모든 종류의 익숙한 파동을 연결해 주기 때문이다. 소위 파동 방정식이라는 것에 모든 게 종속된다. 파동 방정식은 파동이 공간에서 파문을 일으키며 퍼져 나가는 방식을 기술한다. 물리학자들은 파동 방정식을 활용해 언제라도 특정 지점의 파고를 예측할 수 있다. 슈뢰딩거는 파동 방정식을 발견해 냄으로써 위대한 승리를 거두었다. 그는 원자와 아원자 입자들의 확률 파동 작용과 반응을 설명할 수 있었다.

슈뢰딩거의 방정식을 활용하면 공간의 특정 지점에서 언제라도 입자를 발견할 확률을 구할 수 있다. 이를 테면, 창유리와 부딪치는 광자를 설명할 수 있고, 유리창 너머에서 광자를 발견할 확률이 95퍼센트임을 예측할 수도 있다. 실제로 슈뢰딩거의 방정식을 사용하면 광자든 원자든 입자가 모종의 작용과 반응을 하게 될 확률을 예측할 수 있다. 슈뢰딩거의 방정식은 미시 세계로 들어갈 수 있는 결정적 다리를 제공했다. 물리학자들은 그 방정식을 가지고 사태를 예측할 수 있게 됐다. 물론 100퍼센트 정확하게는 아니지만 적어도 예측 가능한 불확실성 속에서 그렇게 할 수는 있게 된 것이다!

이 모든 확률 파동 얘기는 어디로 이어지는가? 미시 세계에서 파동이 입자처럼 작용하고 반응한다는 사실은 필연적으로 다음과 같은 인식에 이르게 한다. 미시 세계는 생활 세계의 선율과는 완전히 다른 장단에 맞춰 춤을 춘다고 말이다. 미시 세계는 무작위적 예측 불가능성에 지배된다. 이 사실은 그 자체가 충격으로, 물리학자들은 치명타를 얻어맞고 자신감을 상실했다. 우주가 시계태엽 장치처럼 정확해서 예측이 가능하다고 확신했던 그들의 믿음도 무너졌다. 그러나 이건 시작에 불과했다. 자연은 물리학자들을 먹먹하게 만들 충격적인 사실을 더 많이 갖고 있었다. 파동이 입자처럼 행동할 뿐만 아니라 그 입자들이 파동처럼 행동한다는 사실은 다음과 같은 인식으로 귀결된다. 물결파나 음파처럼 우리에게 익숙한 파동이 할 수 있는 것은, 원자 및 광자와 그 동료들의 행동을 특정하는 확률 파동도 전부 할 수 있다고 말이다.

그럼 어떻게 되는 거냐고? 그렇게 되면 파동은 엄청나게 다양한 일을 할 수 있다. 그리고 그런 일 각각이 미시 세계에서는 기적에 준하는 결과들을 가져온다. 파동이 할 수 있는 가장 간단한 일은 중첩(포개짐)해서 존재하는 것이다. 놀랍게도 [우리가 측정 또는 목격 하기 전까지는] 원자는 중첩 현상을 통해 동시에 두 장소에 존재할 수 있다. 여러분이 동시에 런던과 뉴욕에 있을 수 있다는 얘기인 셈이다.

3

아톰은 정신 분열증 환자

::

원자가 동시에 복수의 장소에 존재하면서
여러 가지 일을 하는 방법.

세계에서 가장 빠른 슈퍼컴퓨터와 주판의 차이를 떠올려 본다고 해도 오늘날 인류가 보유한 컴퓨터와 비교해 양자 컴퓨터가 얼마나 더 강력한지 여전히 감을 잡기 힘들다.

_ 줄리언 브라운

2041년. 한 소년이 자기 방의 컴퓨터 앞에 앉아 있다. 이것은 그냥 컴퓨터가 아니다. 이것은 양자 컴퓨터이다. 소년이 컴퓨터를 가동한다. …… 컴퓨터가 수천 개의 버전으로 자기 분열한다. 그리고 그 각각이 독립적 요소로서 과제를 수행한다. 불과 몇 초 만에 그 요소들이 다시 결합하고, 컴퓨터 화면은 한 개의 답을 보여 준다. 이 답은 전 세계의 그저그런 컴퓨터를 전부 그러모아 수조의 수조 년 동안 계산해야 얻을 수 있는 결과이다. 답을 찾은 소년은 흐뭇한 표정으로 컴퓨터를 끄고 놀러 나간다. 숙제를 마쳤으니 더 앉아 있어 무얼 하랴.

소년이 사용한 것과 같은 컴퓨터를 만들 수는 없는 것일까? 미흡하나마 그런 일을 할 수 있는 컴퓨터가 이미 존재한다. 문제는 그런 양자 컴퓨터가 엄청나게 많은 여러 대의 컴퓨터로만 기능할지, 혹은 일부가 생각하듯이 평행의 세계들에 존재하는 여러 복제들의 계산 능력을 실제로 이용할지이다.

양자 컴퓨터는 동시에 복수의 계산을 할 수 있다. 이 놀라운 능력은 파동이 할 수 있는 두 가지 일 때문에 가능하다. 원자나 광자 같은 미립자들은 파동처럼 작용한다. 첫 번째와 관련해서는 바다의 파도를 떠올려 보자.

바람이 잔잔한 날 파도를 보면 큰 파도와 잔물결이 있음을 알 수 있다. 그런데 바람이 부는 날에는 거센 파도와 잔물결이 함께 크게 말리면서 포개지기도 한다. 이것이 모든 파동의 일반적인 특징이다. 서로 다른 두 개의 파동이 있으면 이들이 포개진 파동도 있을 수 있다. 일상의 세계에서는 중첩이 존재할 수 있다는 사실이 전혀 불쾌하거나 꺼림칙하지 않다. 그러나 원자와 원자를 구성하는 물질의 세계에서는 경천동지할 만한 사태가 되어 버린다.

창유리와 부딪치는 광자를 다시 돌아가 보자. 광자에게 무엇을 할 것인지를 미리 알려주는 것은 확률 파동이고, 확률 파동은 슈뢰딩거의 방정식으로 기술된다. 광자는 투과되거나 반사되기 때문에 슈뢰딩거의 방정식은 파동의 존재를 두 개 허용해야 한다. 하나는 창유리를 통과하는 광자에 상응하고, 다른 하나는 반사되는 광자에 상응해야 할 것이다. 여기까지는 놀란 만한 일이 없다. 그러나 파동이 두 개 존재한다면 그 두 개가 중첩한 파동의 존재도 인정해야만 할 것이다. 바다에서 볼 수 있는 파도라면 그런 중첩이 하나도 이상할 게 없다. 그러나 아원자 세계에서 일어나는 중첨은 매우 특별한 사건이다. 광자는 투과되고, 동시에 반사된다. 다시 말해, 광자가 동시에 창유리의 양쪽 면에 존재할 수 있는 것이다!

이 믿을 수 없는 특성은 단 두 가지 사실에서 도출되는 결과다. 광자는 파동으로 기술되고, 파동은 중첩할 수 있다는 사실 말이다.

터무니없는 몽상이 아니다. 실제 실험을 통해 광자나 원자가 동시에 두 장소에 존재하는 것을 관측했다. 일상의 용어를 빌려 말하면 여러분이 동시에 샌프란시스코와 시드니에 존재하는 셈이다. (더 정확히 얘기하면, 광자나 원자의 결과가 동시에 두 장소에 존재한다고 말할 수 있다.) 중첩될 수 있는 파동의 수에는 한계가 없기 때문에 광자나 원자는 동시에 세 곳, 열 곳, 백만 곳에 존재할 수도 있다.

그러나 미립자와 결합한 확률 파동은 존재하는 장소에서 미립자를 특정하는 것 이상의 일을 한다. 확률 파동은 온갖 환경에서 미립자의 반응 양식을 결정한다. 이를 테면, 광자에게 창유리를 투과할 것인지 반사될 것인지 지정한다. 결국 원자와 아원자 입자들은 동시에 복수의 장소에 존재할 뿐만 아니라 동시에 여러 가지 일을 할 수 있다. 여러분이 동시에 집안 청소를 하고 개를 산책시키며 쇼핑을 할 수 있다는 얘기와 같다. 양자 컴퓨터가 경이적인 능력을 발휘할 수 있는 비밀이 바로 이것이다. 동시에 여러 계산을 처리하기 위해, 양자 컴퓨터는 동시에 여러 가지 일을 할 수 있는 원자의 능력을 이용하는 것이다.

동시에 여러 가지 일 하기

현재 컴퓨터의 기본 부품은 트랜지스터이다. 트랜지스터는 두 개의 전압 상태를 갖는다. 하나는 2진수의 '0', 다른 하나는 '1'을 지시하는 데 사용되는 것이다. 이런 0과 1의 순열로 큰 수를 표현할 수 있다. 그렇게 컴퓨터로 더하고 빼고 곱하고 나눌 수 있는 것이다.* 그러나 양자 컴퓨터의 기본 부품——단 한 개의 원자일 수도 있는데——은 상태가 중첩될 수 있다. 다시 말해 그 부품들이 동시에 0과 1을 다 구현할 수 있는 것이다. 물리학자들은 이 정신 분열적 실체를 정상적인 비트와 구별하기 위해 양자 비트(quantum bit), 곧 큐비트(qubit)라고 부른다.

한 개의 큐비트는 두 개의 상태(0과 1)에 놓일 수 있고, 두 개의 큐비트는 네 개의 상태(00과 01과 10과 11)에 놓일 수 있고, 세 개의 큐비트는 여덟 개의 상태에 놓일 수 있는 식이다. 따라서 여러분이 단 한 개의 큐비트를 가지고 계산을 해도 동시에 두 개의 연산을 할 수 있는 셈이다. 마찬가지로 두 개의 큐비트로는 네 개의 연산을, 세 개의 큐비트로는 여덟개의 연산을 할 수 있을 것이다. 대수롭지 않아 보일지도 모르겠다. 그러나 10개의 큐비트로는 동시에 1,024개의 연산을, 100개의 큐비트로는 2^{100}개의 연산을 할 수 있다! 물리학자들이 양자 컴퓨터의 개발 전망에 군침을 흘리는 것도 놀라운 일이 아니다. 양자 컴퓨터는 기존 컴퓨터의 성능을 엄청난 수준으로 능가하기에, 현재의 개인용 컴퓨터는 한순간에 고물로 전락할 것이다.

그러나 양자 컴퓨터를 가동하려면 파동 중첩만으로는 충분하지 않다.

---

* 2진수를 발명한 사람은 17세기의 수학자 고트프리트 라이프니츠였다. 2진수는 0과 1의 문자열로 수를 표현하는 방법이다. 우리는 흔히 10진법을 사용한다. 맨 오른쪽이 1의 자리, 그 다음이 10의 자리, 그 다음이 100의 자리 식으로 말이다. 예를 들어보자. 9,217은 $7+1\times10+2\times(10\times10)+9\times(10\times10\times10)$이다. 2진수에서는 맨 오른쪽이 1의 자리, 그 다음이 2의 자리, 그 다음이 2×2의 자리 식으로 전개된다. 이를 테면 1101은 $1+0\times2+1\times(2\times2)+1\times(2\times2\times2)$로, 십진수로 환산하면 13이다.

파동 중첩에는 또 다른 근본적 요소인 간섭이 필요하다.

　18세기에 토머스 영이 빛의 간섭 현상을 관찰해 모두가 빛이 파동임을 확신하게 되었다. 20세기 초에는 빛이 입자들의 흐름으로 작용한다는 사실도 알려졌다. 하지만 영의 이중슬릿 실험이 보여준 예기치 못한 놀라움은 다른 데 있다. 그의 실험으로 미시 세계의 기이함이 비로소 드러나기 시작했다.

핵심은 간섭

영의 실험이 재현되었다. 불투명한 스크린에 만든 이중슬릿에 빛을 비추자 빛이 입자들의 흐름이라는 명약관화한 사실을 다시 한번 확인할 수 있었다. 광자를 한 번에 하나씩 내뿜을 정도로 희미한 광원을 사용하는 실험이었다. 두 번째 스크린의 서로 다른 위치에 설치된 예민한 감지기들에 도달하는 광자의 수를 세어 보았다. 얼마간 실험이 계속되자 감지기들이 놀라운 결과를 보여 준다. 스크린의 몇몇 지점에는 광자가 뿌려진 반면 다른 지점들에서는 광자가 거의 검출되지 않았던 것이다. 더욱 중요한 사실은, 광자가 흩뿌려진 지점과 거의 검출되지 않은 지점이 교대로 나타나면서 수직 띠를 형성했다는 것이다. 이것은 영의 원래 실험과 완전히 일치하는 결과였다.

　잠깐! 영의 실험에서는 어둡고 밝은 줄무늬가 간섭 현상으로 생긴다. 동일 광원에서 나온 두 개의 파동이 섞인다는 게 간섭의 기본 특성이다. 하나의 실틈에서 나온 빛과 다른 실틈에서 나온 빛이 섞였었다는 점을 상기하라. 그런데 위의 실험에서는 광자가 한 번에 하나씩 이중슬릿에 도달하고 있다. 개별 광자는 완전히 혼자로, 다른 어떤 광자와도 섞일 수가 없다. 그런데 어떻게 간섭이 일어날 수 있단 말인가? 다른 광자들이 어디에 당도할지 광자는 어떻게 아는 걸까?

가능한 방법은 한 가지뿐이다. 개별 광자가 어떻게 해서든 동시에 두 개의 실틈을 통과하면 된다. 그러면 광자는 서로 간섭할 수 있다. 다시 말해, 개별 광자는 두 상태를 중첩해야만 한다. 하나는 왼쪽 실틈을 통과하는 광자에 상응하는 파동이고, 다른 하나는 오른쪽 실틈을 통과하는 광자에 상응하는 파동인 것이다.

광자나 원자, 또는 다른 어떤 미립자를 가지고도 이중슬릿 실험을 할 수 있다. 실제로 실험을 해보면, 이런 입자들의 행동—두 번째 스크린을 두드릴 수 있는 동시에 두드릴 수 없는—이 파동성을 지닌 입자들의 분신에 의해 조정되는 방식을 생생하게 파악할 수 있다. 그러나 이중슬릿 실험이 증명하는 것은 이게 다가 아니다. 이중슬릿 실험을 해보면, 중첩을 하는 개별 파동들이 수동적이지 않으며 서로 적극적으로 간섭한다는 것을 알 수 있다. 이 사실이 매우 중요하다. 중첩의 개별 상태들이 서로 간섭할 수 있는 능력이야말로 미시 세계의 절대적인 핵심 원리이다. 이를 바탕으로 온갖 기이한 양자 현상이 생겨난다.

양자 컴퓨터 얘기로 돌아가 보자. 양자 컴퓨터가 여러 개의 계산을 동시에 할 수 있는 이유는 그것이 상태들의 중첩 속에서 존재할 수 있기 때문이다. 예를 들어, 10개의 부품으로 구성된 양자 컴퓨터는 동시에 1,024개의 상태에 놓이고, 동시에 1,024개의 연산을 수행할 수 있다. 그러나 연산의 평행 요소들은 조직되지 않으면 전혀 쓸모가 없게 된다. 이것을 가능하게 하는 것이 바로 간섭이다. 간섭은 1,024개의 중첩 상태가 서로 상호 작용하고 영향을 미치는 수단이다. 양자 컴퓨터가 간섭을 바탕으로 내놓는 한 개의 답은 1,024개의 평행 연산 전체에서 수행된 결과를 종합하고 반영할 수 있다.

　1,024개의 개별 요소로 나눈 문제와 그 각각의 조각을 궁리하는 사람 한 명씩을 떠올려 보라. 문제가 해결되려면 1,024명이 의사 소통을 하면서 결과를 교환해야 한다. 양자 컴퓨터에서는 간섭이 이 일을 가능케 해준다.

　여기서 요점은, 중첩이 미시 세계의 근본적 특성임에도 불구하고 실제로는 단 한 번도 관측된 적이 없다는 사실이다. 우리가 보는 것이라곤 중첩이 존재함을 알려주는 결과뿐이다. 중첩의 개별 파동들이 서로 간섭한 결과 말이다. 예를 들어보자. 이중슬릿 실험에서 우리가 보는 것은 간섭 무늬뿐이다. 우리는 그 간섭 무늬를 바탕으로 전자가 동시에 두 개의 실틈을 통과하는 중첩 상태였다고 추론한다. 두 개의 실틈을 동시에 통과하는 한 개의 전자를 실제로 포착하는 것은 불가능하다. 원자가 동시에 두 장소에 존재하는 일의 결과──실제로 동시에 두 장소에 존재하는 것이 아니라──를 관측하는 것만이 가능하다는 설명도 이런 뜻이다.

다중 우주

양자 컴퓨터는 동시에 엄청난 연산을 할 수 있고, 이 비상한 능력은 골치 아픈 문제를 제기한다. 실제로 양자 컴퓨터는 현재 몇 개의 큐비트만을 조작하는, 초기 단계이다. 그럼에도 불구하고 동시에 수십억, 수조, 수천조의 계산을 할 수 있는 양자 컴퓨터가 가능하다. 실제로 30~40년 후면 우주에 존재하는 입자들보다 더 많은 수의 연산을 동시에 할 수 있는 양자 컴퓨터를 만들 수 있게 될 것이다. 이 가설적 상황은 꽤 까다로운 문제를 야기한다. 그런 컴퓨터가 정확히 어디에서 연산을 하게 될까? 요컨대 그런 컴퓨터가 우주에 존재하는 입자들의 수보다 더 많은 계산을 동시에 할 수 있다면 우주가 그 계산을 수행하기에는 충분치 않은 연산 자원을 가지고 있다는 게 사리에 맞다.

양자 컴퓨터가 평행 우주에서 계산을 한다는 비상한 답변을 제시하면 이 난제에서 벗어날 수 있다. 이 기발한 아이디어는 1957년 휴 에버렛 3세라고 하는 프린스턴의 대학원생이 제안했다. 그는 양자이론이 원자들의 미시 세계를 그토록 훌륭하게 설명해 주는데도 우리가 중첩을 단 한 번도 관측하지 못한 이유가 너무나 궁금했고, 해결책을 내놓고 싶었다. 에버렛의 비상한 답변은 중첩의 개별 상태가 완전히 독립적인 세계에 존재한다는 것이었다. 다시 말해, 가능한 모든 양자 사건들이 발생하는 다수의 세계, 곧 다중 우주(multiverse)가 존재한다는 것이다.

에버렛이 양자 컴퓨터가 도래하기 오래 전에 '다수의 세계' 개념을 주창했음에도 불구하고 이 아이디어는 양자 컴퓨터에 아주 요긴하다. 다수의 세계 개념에 따르면 양자 컴퓨터는 문제를 부여받으면 복수로 분열하고, 그 각각은 개별 세계에 거한다. 이 장의 서두에 나오는 소년의 개인용 양자 컴퓨터가 다수의 버전으로 분열하는 이유가 바로 이것이다. 컴퓨터의 각 버전은 문제의 요소들을 작업 수행하고, 그 요소들은 간섭으로 결합된다. 그러므로 에버렛의 그림에서는 간섭이 매우 중요하다. 간섭은 개별 우주들을 연결해 주는 중요한 다리이자, 개별 우주들이 서로 상호 작용하고 영향을 미치는 수단이다.

에버렛은 그 모든 평행 우주들이 어디에 있는지를 전혀 몰랐다. 솔직히 말해서, 다수의 세계 개념을 지지하는 현대의 물리학자들도 모르기는 마찬가지다. 더글러스 애덤스는 『은하수를 여행하는 히치하이커를 위한 안내서』에서 이렇게 능청을 부렸다. "평행 우주를 다룰 때 잊지 말아야 할 것은 두 가지야. 하나는 평행 우주가 사실은 평행하지 않다는 것이고, 두 번째는 그게 실은 우주도 아니라는 거지!"

이런 곤혹스러움에도 불구하고, 다수의 세계 개념은 에버렛이 제안한 지 50년이 지난 지금 엄청난 인기를 누리고 있다. 점점 더 많은 수의 물리학자들—옥스퍼드 대학교의 데이빗 도이치가 가장 유명하다—이 이 개념을 진지하게 받아들이고 있다. 도이치는 저서 『현실의 짜임새』(*The Fabric of Relality*)에서 이렇게 말한다. "평행 우주에 관한 양자이론은 불가해한 이론적 고려에서 튀어나온 까다로운, 임의의 해석이 아니다. 그것은 직관에 반하는 놀라운 세계를 설명해 주는, 조리가 서는 유일한 이론이다."

여러분이 도이치의 견해에 찬성한다면—실제로도 다수의 세계 개념은 생각해 낼 수 있는 거의 모든 실험에서 양자이론의 더 전통적인 해석과 정확히 동일한 결과를 예측한다— 양자 컴퓨터는 태양 아래 정녕 새로운 것이다. 양자 컴퓨터는 인류가 만든 기계 중에서 다수의 세계에 존재하는 자원을 활용하는 사상 최초의 기계인 것이다. 여러분이 다수의 세계 개념을 믿지 않는다고 해도 그것은 여전히 단순하고 직관적인 방식으로 신기한 양자 세계에서 벌어지는 사태를 그려볼 수 있게 해준다. 이중 슬릿 실험을 예로 들어보자. 한 개의 광자가 동시에 두 개의 실틈을 통과하면서 스스로와 간섭한다고 상상할 필요가 없다. 하나의 실틈을 통과하는 한 개의 광자가 다른 실틈을 통과하는 또 다른 광자와 간섭하는 그림이 더 합리적이다. 여러분이라면 다른 어떤 광자라고 답하겠는가? 당연히 이웃한 우주의 광자일 것이다!

왜 작은 것들만 양자인가

양자 컴퓨터를 만들기란 아주 어렵다. 양자 중첩의 개별 상태들이 서로 간섭할 수 있는 능력이 환경에 의해 파괴되거나 심각하게 붕괴되기 때문이다. 이중슬릿 실험에서 이런 파괴를 생생하게 관찰할 수 있다.

특정한 입자 검출기를 사용해 실틈의 한쪽을 통과하는 입자를 탐지해 보면 차단막의 간섭 무늬가 즉시 사라지면서 어느 정도 균일한 조도로 대체된다. 입자가 동시에 두 개의 실틈을 통과하는 중첩을 파괴하는 데 필요한 것이라고는 입자가 어느 실틈을 통과하는지를 관측하는 행위뿐이다. 실제로 단 한 개의 실틈만을 통과하는 입자는 한 손 박수 소리만큼이나 간섭할 가능성이 없다. 실제로 여기서 벌어진 사태는 외부 세계가 입자의 위치를 확정하려고, 다시 말해 측정하려고 시도했다는 것이다. 중첩을 파괴하는 데 필요한 것이라고는 외부 세계가 중첩을 파악하는 것뿐이다. 마치 양자 중첩은 비밀인 것 같다. 당연히 세계가 그 비밀을 알아버리면 비밀은 더 이상 존재하지 않는다!

중첩은 환경에 의해서 끊임없이 측정된다. 실제로 단 한 개의 광자라도 중첩 상태에서 벗어나 그 정보를 나머지 세계에 전달하는 식으로, 중첩이 파괴된다. 이런 자연스런 측정 과정을 결흐트러짐이라고 부른다.

우리가 일상의 세계에서 기묘한 양자의 행동을 보지 못하는 궁극적인 이유가 바로 이 때문이다.* 우리가 양자의 행동을 사람이나 나무 같은 커다란 물체가 아니라 원자처럼 작은 물체들의 특성으로 생각하는 게 소박하고 순진한 것일지도 모르겠다. 그러나 꼭 그런 것도 아니다. 사실을 말하자면 양자의 행동은 고립된 물체들의 특성이다. 우리가 일상의 생활 세계에서가 아니라 미시 세계에서 양자의 행동을 관측하게 되는 이유는 큰 것보다 작은 것이 주변 환경에서 고립되기가 더 쉽기 때문이다.

양자 정신 분열증의 대가는 고립이다. 원자와 같은 미립자는 외부 세계와 고립되면 동시에 여러 가지 일을 할 수 있다. 이것은 미시 세계에서는 어려운 일이 아니다. 양자의 정신 분열증은 시도때도 없이 일어나는 현상이다. 그러나 우리가 사는 생활 세계에서는 그런 일이 거의 불가능하다. 매 초 수천조 개의 광자가 모든 물체에서 튀어나오기 때문이다.

양자 컴퓨터를 주변 환경과 격리하는 과제야말로 이 기계를 만들려는 물리학자들의 가장 큰 장애물이다. 현재까지 그들이 만드는 데 성공한 가장 커다란 양자 컴퓨터는 10개의 큐비트를 저장하는, 원자 10개짜리였다. 10개의 원자를 주변 환경과 일정 시간 동안 격리하는 데 그들의 온갖 재주와 독창성이 투입되었다. 단 한 개의 광자라도 컴퓨터에서 튀어나오면 10개의 정신 분열성 원자가 그 즉시로 10개의 정상적인 원자로 돌변한다.

결흐트러짐은 양자 컴퓨터에 대한 환호에 가려 흔히 이야기되지 않는 이 기계의 한계를 예시한다. 외부 세계의 누군가—아마도 여러분일 텐데—가 답을 추출해 내려면 양자 컴퓨터와 상호 작용해야 할 텐데, 그러면 필연적으로 중첩이 파괴된다. 양자 컴퓨터는 단일 상태의 보통 컴퓨터로 돌아가 버린다. 10큐비트의 기계가 1,024개의 개별 연산 결과를 내놓지 못하고 단 한 개의 답만을 내놓게 된다.

양자 컴퓨터는 그렇게 한 개의 답만을 산출하는 평행 연산으로 제한된다. 결국 제한적인 문제들만 양자 컴퓨터로 풀기에 적합하고 그런 문제

---

* 나머지 세계가 양자에 관해 아는 순간 '비밀'이 파괴된다는 이 모든 양자 담론이 허튼소리임을 나 또한 잘 안다. 그러나 여기서는 이 정도 논의만으로도 충분하다. 정신 분열적으로 중첩하는 양자 세계가 나무나 사람이 결코 동시에 두 장소에 존재하지 못하는 일상의 생활 세계로 전환되는 수단인 결어긋남은, 전문가들도 여전히 씨름하는 복잡한 문제이다. 더 자세한 설명은 5장 '텔레파시 우주'를 보시라.

아톰은 정신분열증 환자

를 찾아내는 데도 엄청난 정교함이 요구된다. 양자 컴퓨터는 흔히 이야기되는 것처럼 만능이 아니다. 그럼에도 불구하고 양자 컴퓨터가 위력을 발휘할 수 있는 문제를 찾아낸다면 기존 컴퓨터의 성능을 크게 능가할 것이다. 우주의 수명보다 더 긴 시간이 걸릴지도 모르는 계산을 불과 수 초만에 해낼 테니.

다른 한편으로 양자 컴퓨터를 만들려고 분투하는 사람들의 가장 커다란 적인 결흐트러짐은 그들의 가장 훌륭한 친구이기도 하다. 요컨대 양자 컴퓨터의 그 모든 상호 간섭적 요소들의 거대 중첩이 최종적으로 파괴되는 것은 결흐트러짐 때문이다. 뭐든 유용한 결과가 그 기계에서 나오려면—한 개의 답으로 표현되는 단일 상태로 환원되기—중첩이 파괴되어야만 한다. 양자의 세계는 정말이지 역설적이다!

4

불확정성과 지식의 한계

: :

원자에 관해 알고 싶은 것을 결코 다 알 수 없는 이유와
원자가 이 사실을 바탕으로 존재하는 까닭.

우리 여행자들은 양자 세계를 통과하면서 다른 많은 흥미로운 현상을 접했다. 이를 테면, 양자 모기들을 결코 잡을 수 없었다. 놈들은 너무나 작았다.

_ 조지 가모브

그는 미쳤음에 틀림없다. 방금 전에 그는 멋진 빨강색 페라리를 차고에 집어넣었다. 그는 주차장 진입로에 서서 차고의 자동문이 닫히는 마지막 순간까지 자신의 자랑거리를 탄복하며 바라보았다. 그런데 그가 자갈길을 따라 현관문 앞에 이르자 이상한 분위기가 감지되었다. 땅이 미세하게 흔들리는 듯했다. 그가 왔던 길을 돌아갔다. 그의 멋진 빨강색 페라리가 진입로에 웅크리고 있었다! 차고 문이 여전히 닫혀 있는데도 말이다.

물론 이런 후디니[탈출 묘기로 유명한 미국의 마술사] 식 탈출술이 일상

의 세계에서는 결코 일어나지 않는다. 그러나 지극히 작은 물질들의 왕국에서는 이런 일이 무시로 일어난다. 한 순간 미시 감옥에 사로잡혔던 원자라도 다음 순간이면 속박을 벗어던지고 조용히 밤의 세계로 사라진다.

탈출 불가능한 감옥을 탈출할 수 있는 이 놀라운 능력은 미립자들이 보유한 파동적 특성 때문이다. 원자와 그 구성물들은 파동이 할 수 있는 것은 무엇이든 할 수 있다. 파동이 할 수 있는 여러 가지 일들 가운데 하나가 뚫고 들어갈 수 없어 보이는 장벽을 관통하는 능력이다. 이것은 잘 알려진 파동의 특성은 아니다. 그러나 유리 블록을 관통해 너머의 공기 속으로 퍼져 나가는 빛이 그 사실을 증명해 준다.

유리 블록의 가장자리, 그러니까 유리와 공기가 만나는 경계에서 일어나는 일이 핵심이다. 빛이 얕은 각도로 그 경계에 부딪치면 다시 유리 블록 안으로 반사되고, 결국 너머의 공기 속으로 탈출하지 못한다. 사실상 빛이 유리 속에 갇히는 것이다. 그러나 다른 유리 블록을 가져다 그 경계에 대어 두 블록 사이의 공기 틈새를 좁히면 커다란 변화가 일어난다. 전처럼 빛의 일부는 다시 유리 속으로 반사된다. 그러나 빛의 일부는 공기의 틈을 도약해 두 번째 유리 블록으로 들어간다. 사실 이것이 결정적인 차이이다.

차고를 탈출하는 페라리와 유리 블록을 탈출하는 빛 사이에 뚜렷한 공통점이 없어 보일 수도 있다. 그러나 모든 면에서 공기의 틈은 차고의 문이 페라리에게 장벽인 것처럼 빛에게도 통과할 수 없는 장애물이다.

빛의 파동이 그 장벽을 뚫고 유리 블록에서 탈출할 수 있는 이유는 파동이 국부적으로 제한된 것이 아니라 공간에 흩어져 있는 어떤 것이기 때문이다. 그러므로 빛의 파동이 유리-공기의 경계면에 부딪쳐 다시 유리 속으로 반사될 때, 실제로는 정확히 유리의 경계면에서 반사되는 게 아닌 셈이다. 오히려 빛의 파동은 짧은 거리를 관통해 너머의 공기 속으로 나아간다. 요컨대 빛의 파동은 다른 유리 블록을 만나 되돌아온다 해도 계속 진행할 수 있다. 머리카락 한 올 정도의 틈을 두고 첫 번째 유리 블록과 두 번째 유리 블록을 설치해 보면 빛이 그 공기의 틈을 도약해 감옥을 탈출한다는 것을 알 수 있다.

뚫을 수 없어 보이는 장벽을 관통하는 이 능력은 모든 파동에 보편적이다. 광파에서부터 음파는 물론이고 원자와 결부되는 확률 파동에 이르기까지 말이다. 그러므로 이 능력은 미시 세계에서 가장 뚜렷하게 확인된다. 알파 입자 붕괴 현상이 가장 두드러진 사례이다. 알파 입자가 원자핵이라는 탈출 불가능한 감옥에서 튀어나오는 것은 틀림없는 사실이다.

원자핵 탈출

알파 입자는 헬륨 원자의 핵이다. 불안정한 방사성의 원자핵은 가끔씩 알파 입자를 뱉어 낸다. 더 가볍고 안정된 원자핵으로 변신하려는 필사적인 시도인 셈이다. 그런데 이 과정에서 골치 아픈 문제가 생긴다. 원칙적으로 알파 입자는 원자핵에서 빠져나올 수가 없기 때문이다.

5미터 높이의 금속 울타리에 갇힌 올림픽 높이뛰기 선수를 한 번 상상해 보기 바란다. 그가 올림픽 금메달리스트라 하더라도 그렇게 높은 담장을 뛰어넘을 수는 없다. 인간 중에 그런 힘을 지닌 자는 없다. 원자핵 내부의 알파 입자도 처지가 비슷하다. 알파 입자를 가두는 장벽은 원자핵 내부에서 작용하는 핵력으로 만들어진다. 담장이 높이뛰기 선수를 구속하는 것처럼 핵력도 알파 입자에게는 뚫을 수 없는 장벽이다.

그러나 모두의 예상과 달리 알파 입자는 원자핵에서 탈출한다. 이것은 알파 입자의 파동성 때문이다. 유리 블록에 갇힌 빛의 파동처럼 알파 입자도 뚫을 수 없어 보이는 장벽을 관통해 조용히 바깥 세계로 빠져나올 수 있다.

이 과정을 양자 터널링이라고 한다. 알파 입자가 원자핵에서 '터널링' 했다고 말할 수 있는 것이다. 터널링은 사실 불확정성이라고 알려진 더 일반적인 현상의 사례이다. 미시 세계와 관련해 우리가 알 수 있고, 또 알 수 없는 것에는 근본적인 한계가 존재한다는 것이 불확정성의 원리이다. 이중슬릿 실험이 불확정성을 놀라운 방식으로 증명해 준다.

하이젠베르크의 불확정성원리

전자와 같은 미립자가 차단막의 실틈 두 개를 동시에 통과할 수 있는 이유는, 그것이 파동 두 개가 중첩하는 상태로 존재할 수 있기 때문이다. 한 개의 파동은 첫 번째 실틈을 통과하는 입자에 조응하고, 나머지 파동은 다른 실틈을 통과하는 입자에 조응한다. 그러나 그것만으로는 미립자의 정신 분열적 행동이 인지되지 않는다. 그런 일이 일어나려면 두 번째 차단막에 간섭 무늬가 나타나야만 한다. 당연히 이렇게 되려면 중첩 상태의 개별 파동들이 간섭해야 한다. 전자가 기묘한 양자 행동을 선보이려면 간섭이 결정적으로 중요하다. 이 사실은 우리가 알고 있는 전자 관련 지식에 매우 심오한 함의를 갖는다.

이를 테면 이중슬릿 실험에서 개별 전자가 통과하는 실틈을 우리가 확인하려 한다고 해보자. 우리가 그 일에 성공하면 두 번째 차단막의 간섭 무늬가 사라져 버린다. 간섭은 두 개가 섞이도록 요구하기 때문이다. 전자와 전자와 결부된 확률 파동이 단 한 개의 실틈만을 통과한다면 단 한 개

뿐이니 서로 섞이는 일도 없을 것이다.

실제로는 전자가 어떤 실틈을 통과하는지 우리가 어떻게 확인할 수 있을까? 이중슬릿 실험을 머리 속에 더 쉽게 그려볼 수 있도록 전자를 기관총에서 발사되는 탄환으로, 차단막을 틈이 두 개 뚫린 두꺼운 금속판이라고 가정해 보자. 탄환이 차단막으로 발사되면 일부는 틈을 통과할 것이다. 틈이 두꺼운 금속판에 뚫어놓은 깊은 항로라고 생각해 보자. 탄환들은 항로의 내부 벽에 되튀기면서 틈을 통과해 두 번째 차단막에 도달할 것이다. 탄환들이 두 번째 차단막을 아무 데나 두드리리라는 건 분명한 사실이다. 하지만 모형을 단순화해 그 탄환들이 두 번째 차단막의 중간 지점을 타격했다고 상상해 보자. 또 다시 한 번 단순화를 위해 이 지점에서 탄환들과 결부된 확률 파동이 보강적으로 간섭한다고 해보자. 그 지점이 많은 탄환이 떨어지는 장소가 되도록 말이다.

탄환은 틈의 내부를 되튀기면서 금속제의 차단막이 정반대 방향으로 반동하도록 만든다. 여러분이 테니스를 칠 때 상대방의 빠른 서브가 라켓에 부딪치는 것을 떠올려 보라. 여러분의 라켓은 정반대 방향으로 반동한다. 차단막의 반동을 활용하면 탄환이 어떤 실틈을 통과하는지 추론할 수 있다는 게 결정적으로 중요하다. 요컨대 차단막이 왼쪽으로 움직이면 탄환은 왼쪽 실틈을 통과했음에 틀림없고, 차단막이 오른쪽으로 움직이면 오른쪽 실틈을 통과했음에 틀림없다. 그러나 탄환이 어떤 실틈을 통과하는지 알게 되면 두 번째 차단막의 간섭 무늬가 파괴된다는 것을 우리는 안다. 이것은 파동의 관점에서 볼 때 명확한 사실이다. 우리는 한 손 박수 소리와 마찬가지로 하나의 대상이 스스로와 간섭하는 것을 보지 못한다. 그렇다면 탄환의 관점에서는 우리가 사태를 어떻게 이해할 수 있을까?

두 번째 차단막의 간섭 무늬가 수퍼마켓의 바코드와 비슷하다는 것을

불확정성과 지식의 한계

상기해 보자. 탄환이 전혀 도달하지 않은 '줄'과 많은 탄환이 도달한 줄이 교대로 등장해 줄무늬를 만드는 것이다. 단순하게 그 줄무늬를 흑과 백으로 생각하자. 핵심은 이런 것이다. 탄환의 관점에서 볼 때 간섭 무늬를 망가뜨리려면 무엇이 필요한가?

답은 약간의 비스듬한 지터이다. 각각의 탄환이 정확하게 검은 줄을 향해 나아가지 않고 검은 줄이나 부근의 흰 줄을 때릴 수 있도록 탄도에 약간의 비스듬한 지터를 갖는다면 이것으로도 간섭 무늬를 '없애는' 데에는 충분할 것이다. 전에 하얀색이었던 줄은 더 검어지고, 전에 검정색이었던 줄은 더 하얘게 된다. 그 결과는 균일한 회색으로, 간섭 무늬가 사라지게 되는 것이다.

발사된 탄환이 검은 줄을 때릴지 바로 옆의 하얀 줄을 때릴지(그 역도 성립) 알 수 없기 때문에 각 탄환의 비스듬한 지터 운동도 전혀 예상할 수 없다. 사실 이 모든 게 일어나는 데 다른 이유는 없다. 차단막의 반동으로 개별 탄환이 어떤 실틈을 통과하는지 우리가 파악하는 것을 제외하면 말이다. 다시 말해, 전자와 같은 입자의 위치를 딱 고정시키는 바로 그 행위로 인해 지터를 예측할 수 없게 되고, 그 속도도 불확실해지는 것이다. 마찬가지로 정반대 얘기도 할 수 있다. 입자의 빠르기를 고정시키면 위치를 확실히 알 수 없는 것이다. 이런 효과를 깨닫고 측정한 최초의 인물이 독일의 물리학자 베르너 하이젠베르크이다. 해서 이런 효과는 그를 기려 하이젠베르크의 불확정성원리라고 한다.

불확정성원리에 따르면 미립자의 위치와 속도를 둘 다 정확하게 알수는 없다. 일종의 거래가 필요하다는 얘기다. 미립자의 위치를 정확하게 파악할수록 그것의 속도가 불확실해진다. 미립자의 속도를 정확하게 파악할수록 그것의 위치가 불확실해진다.

작은 것들

일상 생활에서 우리가 인식하는 것에도 이 속박이 적용된다고 한 번 가정해 보자. 우리가 비행기의 속도를 정확히 알면 그 항공기가 런던 상공에 있는지, 뉴욕 상공에 있는지 파악할 수 없을 것이다. 또 우리가 비행기의 위치를 정확하게 파악하면 그 항공기가 시속 1,000킬로미터의 속도로 순항하고 있는지, 1킬로미터의 속도로 날고 있는지, 또는 추락하고 있는지 알 수 없을 것이다.

불확정성원리는 양자이론을 지켜준다. 여러분이 원자와 아원자 입자들의 특성을 불확정성원리가 허용하는 것보다 더 잘 측정할 수 있다면 입자들의 파동 행동이 파괴되고 만다. 구체적으로 얘기해, 간섭이 파괴된다. 그런데 간섭이 없으면 양자이론은 성립이 불가하다. 그러므로 불확정성원리가 강제하는 것보다 더 정확하게 입자의 위치와 속도를 측정하는 것은 불가능하다. 하이젠베르크의 불확정성원리로 인해 우리가 미시 세계를 자세히 관측하려고 할수록 대상은 모호해진다. 신문에 실린 사진을 크게 확대하는 과정을 상상해 보라. 우리가 측정하고자 하는 모든 것을 정확하게 측정할 수 있도록 자연이 허용하지 않는 것은 화나는 일이다. 우리의 지식은 이렇듯 어쩔 수 없는 한계에 부딪친다.

이 한계는 절대로 이중슬릿 실험의 변덕 때문에 생기는 것이 아니다. 리처드 파인만은 이렇게 말했다. "아무도 불확정성원리를 발견하지 못했고 생각해 본 사람도 없다. 앞으로도 그럴 것이다."

알파 입자들이 원자핵이라는 겉으로 보기에 탈출이 불가능한 감옥을 탈출할 수 있는 것은 그 파동성 때문이다. 그러나 입자의 관점에서 이 현상을 이해할 수 있도록 해주는 것은 하이젠베르크의 불확정성원리이다.

어떤 높이뛰기 선수도 도달해 본 적이 없는 곳에 도달하기

원자핵 속의 알파 입자가 5미터 높이의 담장에 갇힌 올림픽 높이뛰기 선수와 같다는 걸 상기해 보자. 상식에 따르면 알파 입자가 장벽을 뛰어넘기에는 불충분한 빠르기로 원자핵 내부에서 이리저리 움직이고 있는 셈이다. 그러나 상식은 생활 세계에만 적용된다. 미시 세계에서는 아니다. 원자핵 감옥에 갇힌 알파 입자는 공간에서 그 위치를 특정할 수 있다. 위치를 아주 정확하게 파악할 수 있다는 말이다. 따라서 하이젠베르크의 불확정성원리에 따르면 알파 입자의 속도는 필연적으로 불확실하다. 다시 말해 우리가 생각하는 것보다 그 속도가 훨씬 더 빠를 수 있다. 알파 입자의 속도가 매우 빠르면 다시 한 번 그 모든 예측과는 달리 알파 입자가 원자핵 밖으로 튀어나올 수 있다. 올림픽 높이뛰기 선수가 5미터 높이의 담장을 뛰어넘는 것에 필적하는 위업인 셈이다.

알파 입자의 탈옥은 페라리의 차고 탈출만큼이나 놀라운 사건이다. 사실 이 '터널링' 현상은 하이젠베르크의 불확정성원리 때문에 일어난다. 그러나 터널링은 이원적 과정이다. 알파 입자 같은 아원자 입자들은 원자핵을 뚫고 나올 수 있을 뿐만 아니라 안으로 들어갈 수도 있다. 이런 역방향 터널링 현상은 엄청난 불가사의를 해명해 준다. 태양이 빛나는 이유가 바로 이것이다.

태양에서 일어나는 터널링

태양은 수소 원자의 핵인 양성자들을 결합해 헬륨 원자핵을 만들어 열을 생성한다.* 이 핵 융합 반응의 부산물로 핵 결합 에너지가 사태처럼 쏟아진다. 그 에너지가 햇빛의 형태로 태양에서 방출되는 것이다.

그러나 수소 핵융합에는 문제가 도사리고 있다. 양성자들끼리 결합하기 위해 서로 끌어당기는 힘, 곧 '강한 핵력'은 엄청나게 짧은 범위 안에서 작용한다. 두 개의 양성자가 태양에서 강한 핵력의 영향권 안으로 들어와 결합되려면 서로가 극도로 가까워져야만 한다. 그러나 양성자는 비슷한 전하로 전도되어 있기 때문에 서로 격렬하게 반발한다. 양성자들이 이 맹렬한 반발 작용을 이겨내려면 엄청난 속도로 충돌해야 한다. 그리고 그러려면 핵융합이 일어나는 태양의 중심이 초고온 상태여야 한다.

　　물리학자들은 1920년대에 그에 필요한 온도를 계산했다. 태양이 수소 핵융합 반응으로 가동된다는 추론이 나오자마자였다. 그 온도가 대충 100억 도였다. 그런데 이게 또 문제였다. 태양의 핵심부 온도가 고작 1,500만 도 정도로 파악되었던 것이다. 대략 1,000배 더 낮은 온도였다. 그렇다면 이론상 태양은 빛을 내서는 안 되었다. 독일의 물리학자 프리츠 호우터만스와 영국의 천문학자 로버트 애킨슨을 등장시켜 보자.

　　양성자가 태양의 중심부에서 다른 양성자에 다가가면 맹렬한 척력으로 인해 반발한다. 첫 번째 양성자가 두 번째 양성자를 에워싸고 있는 높은 장벽과 조우하게 되는 상황과 흡사하다. 태양의 핵심부 온도가 1,500만 도라면 양성자는 그 장벽을 뛰어넘기에 너무 느린 속도로 움직이고 있었다. 그러나 하이젠베르크의 불확정성원리가 모든 것을 바꿔 놓는다.

　　1929년 호우터만스와 애킨슨이 관련해서 제기된 문제를 계산했다. 그들은 1,500만 도의 매우 낮은 온도에서도 첫 번째 양성자가 두 번째 양성자 주위의 뚫을 수 없어 보이는 장벽을 터널링해 성공적으로 융합할 수 있음을 발견했다. 이 계산과 추론의 내용은 태양이 방출하는 관측 열량도

* 8장 'E=mc²과 햇빛의 무게'를 보라.

불확정성과 지식의 한계

완벽하게 설명해 준다.

호우터만스와 애킨슨이 문제의 수식을 해결한 다음 날 밤, 전하는 바에 따르면 호우터만스는 역사상의 그 누구도 사용해 본 적이 없는 말로 여자 친구를 감동시키려 했다고 한다. 그들은 달이 없는 완벽한 밤하늘 아래 서 있었고, 그는 별이 빛나는 이유를 알고 있는 이 세상의 유일한 사람이 자신이라고 자랑했다. 효과가 있었음에 틀림없다. 2년 후 샤를로트 리펜슈탈은 그와 결혼했다. (사실 그녀는 그와 두 번 결혼했는데, 이것은 다른 이야기이므로 넘어가자.)

하이젠베르크의 불확정성원리는 햇빛 말고도 훨씬 더 가까운 곳의 사태를 설명해 준다. 원자가 우리 몸 안에 존재하는 방식이 그것이다.

불확정성과 원자의 존재

뉴질랜드 출신의 물리학자 어니스트 러더퍼드는 케임브리지 대학교에서 일련의 실험을 하다가 1911년경 원자가 자그마한 태양계와 유사하다는 것을 밝혀 냈다. 작은 전자들이 태양 주위의 행성들처럼 원자핵 주변을 휙휙 날아다녔다. 그러나 맥스웰의 전자기 이론에 따르면 궤도를 도는 전자는 빛 에너지를 방출하면서 불과 1억분의 1초 미만의 시간에 원자핵 속으로 빨려들어 가야만 한다. 리처드 파인만이 말했듯이, "고전적 관점에서 보면 원자란…, 불가능한 존재다." 그러나 원자는 존재한다. 양자이론에서 그 답을 얻을 수 있다.

전자는 원자핵에 가까이 다가갈 수 없다. 그렇게 했다가는 공간에서 차지하는 위치가 정확하게 파악되기 때문이다. 하이젠베르크의 불확정성원리에 따르면 이것은 전자의 속도가 불확실해진다는 의미이다. 전자의 속도는 엄청나게 빨라질 것이다.

점점 부피가 줄어드는 상자 안에 성난 벌이 갇혀 있다고 해보자. 상자가 작아질수록 벌은 더 화가 날 테고, 더 격렬하게 상자의 벽에 부딪칠 것이다. 전자 역시 원자 안에서 이와 유사하게 반응한다. 전자는 원자핵 속으로 압착되면 엄청난 속도를 얻게 될 것이다. 원자핵 속에 갇혀 있을 수 없을 정도로 빠른 속도로 말이다.

하이젠베르크의 불확정성원리는 전자들이 원자핵 속으로 강하하지 않는 이유를 설명해 준다. 우리의 발아래 땅이 단단한 근본적 이유도 역시 마찬가지다. 그러나 이 원리는 원자의 존재와 물질의 견고성을 설명해 주는 것 이상을 한다. 하이젠베르크의 불확정성원리는 원자들이 왜 그렇게 큰지 설명해 준다. 아니 적어도 중앙의 원자핵보다 훨씬 더 큰 이유를 말이다.

원자는 왜 이다지도 큰가

원자는 중앙에 있는 원자핵보다 약 10만 배 더 크다. 원자 내부에 그토록 엄청난 양의 빈 공간이 존재하는 이유를 이해하려면 하이젠베르크의 불확정성원리를 좀 더 정확히 알아야 한다. 입자의 위치와 운동량─단순히 속도라고 하기보다는─을 동시에 100퍼센트 정확하게 파악할 수는 없다는 게 하이젠베르크의 불확정성원리이다.

입자의 운동량은 질량과 속도의 산물이다. 움직이는 어떤 것을 멈추기가 얼마나 어려운지 측정한 값이라고 할 수 있겠다. 예를 들어, 기차는 자동차에 비해 더 많은 운동량을 가진다. 심지어 자동차가 더 빨리 달리고 있다 할지라도. 원자핵 내부의 양성자는 전자보다 약 2천 배 더 육중하다. 이제 하이젠베르크의 불확정성원리에 따라, 양성자와 전자가 동일한 부피의 공간에 갇혀 있다고 해보자. 전자는 약 2천 배 더 빨리 움직일 것이다.

원자 내부의 전자가 이리저리 빨리 날기 위해서는 원자핵 내부의 양성자와 중성자보다 훨씬 더 큰 공간이 필요한 이유를 우리는 어렴풋이나마 이미 알고 있다. 원자는 원자핵보다 단지 2,000배 더 큰 정도가 아니다. 원자는 무려 10만 배가량 더 크다. 왜일까?

원자 내부의 전자와 원자핵 내부의 양성자가 동일한 힘의 작용을 받지 않기 때문이다. 원자핵을 구성하는 입자들은 '강한 핵력'의 통제를 받는다. 반면 전자는 훨씬 미약한 전기력의 통제를 받는다. 원자핵 주위를 나는 전자들이 가냘픈 고무줄에 묶여 있다면 양성자와 중성자는 50배 더 두꺼운 고무줄로 묶여 있다. 원자가 원자핵보다 무려 10만 배 더 큰 이유이다.

그러나 원자 내부의 전자들은 원자핵과 일정한 거리를 유지하면서 선회하지 않는다. 전자들은 일련의 거리 범위에서 궤도를 돈다. 이 사실을 설명하려면 새로운 파동 이미지를 예로 들어야 할 것 같다. 파이프오르간의 음관(音管)이 그것이다!

원자와 파이프오르간

양자 세계에 살고 있는 녀석들을 살펴볼 여러 가지 방법들이 있긴 하다. 너무 미세하기 때문에 그저 어렴풋하게 느낄 수 있을 따름이지만 말이다. 원자의 전자들과 관련된 확률 파동을 파이프오르간의 음관에 갇힌 음파와 비슷하다고 생각해 보는 것도 한 가지 방법이다. 특정한 음관으로 아무 음조나 만들어 낼 수는 없다. 소리는 일정 수의 상이한 방식으로만 진동하고 그 각각은 특정한 음조, 곧 진동수를 가진다.

이것은 음파뿐만이 아니라 파동의 보편적인 특성이다. 파동은 한정된 공간에서 구체적으로 특정한 진동수로만 존재한다.

이제 원자 속의 전자를 생각해 보자. 전자는 파동처럼 행동한다. 전자는 또한 원자핵의 전기력으로 단단히 붙잡혀 있다. 상황이 물리적 용기에에 갇혀 있는 것과 정확히 동일하지는 않을 것이다. 그러나 파이프오르간의 음관 벽이 음파를 가두는 것만큼이나 확실하게 전기력이 전자를 제한하리라는 것은 분명한 사실이다. 그러므로 전자의 파동은 특정한 진동수들에서만 존재할 것이다.

음관 속 음파의 진동수와 원자 속 전자 파동의 진동수는 음관의 특성—이를 테면, 작은 음관이 커다란 음관보다 더 높은 음조를 내는 식으로—과 원자핵이 행사하는 전기력의 특성에 좌우된다. 그러나 일반적으로 얘기해서 가장 낮은, 기본적인 진동수와 더 높은 진동수를 보이는 일련의 '배음(倍音)들'이 존재한다.

더 높은 진동수의 파동은 일정한 공간에서 더 많은 수의 마루와 골을 갖는다. 더 높은 진동수의 파동은 더 거칠고 더 격렬하다. 이런 파동이 더 많은 에너지를 갖고 더 빨리 움직이는 전자에 조응한다. 실제로도 더 많은 에너지를 갖고, 더 빨리 움직이는 전자가 원자핵의 전기적 중력에 맞서면서 더 먼 거리의 궤도를 돈다.

원자핵과 떨어져 일정한 거리를 두고 궤도를 선회하는 전자의 이미지가 떠오를 것이다. 이런 그림은 우리의 태양계와는 사뭇 다르다. 태양계에서는 지구와 같은 행성이 원리상 아무 거리에서나 선회할 수 있기 때문이다.

이런 특성을 통해 원자들의 미시 세계와 일상 세계 사이의 중요한 차이를 확인할 수 있다. 일상 세계에서는 모든 것이 연속적이다. 행성은 아무 데고 원하는 거리에서 태양 주위를 돌 수 있고, 사람들의 체중도 연속적으로 분포한다. 그러나 미시 세계의 사물은 불연속적이다. 전자는 원자핵을 중심으로 어떤 정해진 궤도 위에서만 존재할 수 있다. 빛과 물질은 더 이상 분할할 수 없는 특정한 개수의 알갱이들로만 존재한다. 물리학자들은 이 알갱이를 양자라고 부른다. 미시 세계를 취급하는 물리학을 양자이론이라고 부르는 이유다.

원자 내부에서 전자가 선회하는 맨 안쪽 궤도는 하이젠베르크의 불확정성원리로 결정된다. 전자가 호박벌처럼 작은 공간에 갇히는 것에 저항하는 것이다. 하이젠베르크의 불확정성원리는 원자처럼 작은 것들이 무제한으로 수축하는 것을 막아 줄─이것이 바로 물질의 강성이다─ 뿐만 아니라 훨씬 더 커다란 것들이 무제한으로 수축하는 것도 막아 준다. 훨씬 더 커다란 것들이란 바로 별이다.

불확정성과 별

별은 거대한 가스 공이다. 이 구체는 물질의 자체 중력으로 모양이 유지된다. 그 서로를 끌어당기는 중력은 별을 끊임없이 수축시키려고 한다. 하여 뭔가 저항에 직면하지 않을 경우 별은 순식간에 아주 작은 덩어리로 수축 붕괴하고 말 것이다. 블랙홀 말이다. 태양의 경우 그렇게 되는 데 30분도 채 걸리지 않는다. 태양이 아주 작은 알맹이로 수축되지 않고 있다는 것은 분명한 사실이다. 그렇다면 분명 또 다른 힘이 중력에 맞서고 있을 것이다. 그것은 뜨거운 물질 내부에서 나온다. 다른 모든 별처럼 태양도 아슬

아슬한 균형 상태에 놓여 있다. 안으로 향하는 중력과 뜨거운 내부에서 밖으로 향하는 힘이 정확하게 평형 상태를 이루고 있는 것이다.

그러나 이 균형 상태는 일시적이다. 연소시키면서 별을 뜨겁게 유지할 연료가 있는 동안만 외향하는 힘이 작용한다. 연료는 이내 바닥을 드러낸다. 태양의 경우는 약 50억 년 후면 연료가 소진된다. 그때가 되면 중력이 무소불위의 권한을 행사한다. 저항이 없어질 테니 별은 그 어느 때보다도 더 쭈그러들 것이다.

그렇다고 모든 게 다 끝나는 것은 아니다. 별 내부의 뜨겁고 조밀한 환경에서는 고속으로 운동하는 원자들이 빈번하고 격렬하게 충돌하고, 원자들은 전자를 잃고 만다. 플라스마 상태가 형성되는 것이다. 원자핵들의 구름이 전자 구름과 뒤섞인 것을 플라스마라고 한다. 뜻밖에도 빠르게 수축하는 별을 구원하는 것은 미세한 전자들이다. 별을 구성하는 물질 속에 들어 있는 전자들이 그 어느 때보다 조밀하게 응축된다. 전자들은 하이젠베르크의 불확정성원리에 따라 그 어느 때보다 더 격렬하게 윙윙거리며 날아다닌다. 전자들은 자신을 옥죄는 모든 것과 부딪친다. 이 집합적 타격의 결과가 엄청난 외향력이다. 바깥을 향하는 그 힘은 별의 수축을 늦추고 중단시키기에 충분하다.

뜨거운 물질의 외향력이 아니라 있는 그대로의 전자들의 힘에 의해 내향 중력과의 새로운 균형이 유지된다. 물리학자들은 이것을 축퇴압이라고 부른다. 하지만 이 말은 조밀하게 압착되는 것에 전자들이 저항하는 것을 근사하게 지칭하는 용어일 뿐이다. 중력에 맞서 전자의 압력이 지탱해 주는 별을 백색왜성이라고 한다. 백색왜성(하양잔별)은 크기가 지구만 한데, 이 정도라면 별의 과거 부피의 약 100만분의 1에 해당한다. 정말이지 엄청난 밀도의 물체인 셈이다. 각설탕 한 개 크기의 물질이 무려 차량

한 대의 무게를 지니는 것이다!

　태양도 언젠가는 백색왜성이 될 것이다. 이런 별들은 잃어버린 열원을 보충할 수단이나 방법이 전혀 없다. 이제 별은 깜부기불처럼 타면서 무정하게 냉각되고, 서서히 시야에서 사라진다. 그러나 백색왜성이 자체 중력으로 수축되는 것을 막아주는 전자의 압력에도 한계가 있다. 더 육중한 별일수록 자체 중력이 더 강하다. 별이 충분히 육중하면 그 중력이 전자들의 거센 저항조차 이겨낼 만큼 강력해지는 것이다.

　실제로 별은 내외로 방해받고 파괴된다. 별은 중력이 강할수록 가스를 내부로 더 많이 압착한다. 가스는 압축될수록 더 뜨거워진다. 자전거 공기 주입 펌프를 사용해 본 사람이라면 누구나 다 아는 사실이다. 열이라고 하는 것은 물질의 미시적 진동이다. 따라서 별 내부의 전자들이 그 어느 때보다 더 빨리 이리저리 날아다님을 알 수 있다. 어느 정도냐면, 상대성 효과가 중요해지는 만큼 빨라진다.* 전자는 훨씬 더 빨라지기보다는 더 육중해진다. 이것은 감옥의 벽을 덜 효과적으로 두드리게 된다는 의미다.

　별은 이중의 불행을 겪는다. 강한 중력으로 짜부라지면서 동시에 저항 능력도 상실하는 것이다. 이 두 가지 효과가 결합해 백색왜성이 만들어질 수 있는 최대 질량은 태양 무게의 약 1.4배이다. 별이 이 "찬드라세카 한계"[Chandrasekhar limit; 백색왜성의 최대 질량을 계산해 낸 인도의 물리학자]보다 더 무거우면 전자의 압력이 별의 급속한 붕괴를 막지 못한다. 그렇게 되면 별은 계속해서 수축한다.

　그러나 다시 한 번 모든 게 다 끝나 버리는 것은 아니다. 별이 엄청나게 수축하면 전자도 결국 원자핵 속으로 압착된다. 전자들이 작은 공간으

---

* 7장 '시간과 공간의 죽음'을 보라.

로 제한되는 것에 크게 반발함에도 불구하고 말이다. 그곳에서 전자들은 양성자와 반응해 중성자가 된다. 결국 별 전체가 하나의 거대한 중성자 덩어리로 전환되는 것이다.

전자뿐만 아니라 물질을 구성하는 모든 입자는 갇히지 않으려고 하이젠베르크의 불확정성원리에 따라 반항한다는 점을 상기해 보라. 중성자는 전자보다 수천 배 더 무겁다. 따라서 중성자가 상당한 수준으로 반발하려면 수천 배 더 작은 부피로 압축되어야 한다. 중성자가 사실상 붙을 때까지 압축되어야만 비로소 별의 수축을 중단시킬 수 있는 것이다.

중성자 축퇴압이 중력과 평형을 이루는 별을 중성자별이라고 한다. 중성자별은 빈 공간이 전부 물질 밖으로 내쳐진 거대한 원자핵이다. 원자가 대부분 빈 공간이고, 원자핵은 궤도를 선회하는 전자들의 구름보다 10만 배 더 작기 때문에 중성자별은 보통의 별보다 10만 배 더 작다. 중성자별의 지름은 약 15킬로미터에 불과하다. 에베레스트 산보다 조금 더 큰 정도인 것이다. 중성자별의 밀도는 엄청나다. 각설탕 한 개 크기의 물질이 무려 인류 전체의 무게만큼 무겁다. (물론 이 말은 우리 인류 안의 빈 공간이 얼마나 큰지를 알려주기 위한 설명 방법이다. 그 빈 공간을 전부 짜내면 인류를 여러분 손 안에 집어넣을 수 있는 셈이다.)

중성자별은 초신성 폭발 과정에서 만들어지는 것으로 생각된다. 별의 바깥 층이 폭발과 함께 공간으로 방사되고, 내부의 응어리가 수축해 중성자별이 되는 것이다. 중성자별은 작고 차가워서 찾기가 쉽지 않다. 그러나 태어나면서부터 아주 빠른 속도로 회전하기 때문에 등대의 불빛처럼 전파를 방출한다. 천문학자들은 중성자별의 이런 맥동, 다시 말해 펄사를 통해 그 존재를 확인할 수 있다.

불확정성과 진공

백색왜성과 중성자별을 제외할 경우 하이젠베르크의 불확정성원리를 가장 뚜렷하게 확인할 수 있는 지점은 아마도 빈 공간에 대한 당대의 인식일 것이다. 빈 공간은 절대로 비어 있을 수 없다!

하이젠베르크의 불확정성원리를 재구성해 보면 입자의 에너지와 그것이 존재했던 시간의 양을 동시에 측정하는 게 불가능하다는 말이다. 요컨대 우리가 아주 짧은 시간 동안 특정한 빈 공간에서 일어나는 사태에 주목한다면 그 공간의 에너지 내용에 커다란 불확실성이 존재할 것이다. 다시 말해 에너지가 무(無)에서 출현할 수 있는 것이다!

그런데 질량은 일종의 에너지이다.* 그러니 질량 또한 무에서 출현할 수 있다는 얘기다. 질량이 아주 짧은 시간 동안만 존재했다가 다시 사라진다는 단서가 붙기는 한다. 마치 사물이 무에서 출현하는 것을 막는 자연 법칙이 아주 빨리 잠깐 동안만 일어나는 사태는 못 본 체하는 것 같다. 십대 청소년을 둔 아버지가, 동트기 전까지만 차를 갖다 놓으면 밤 사이에 아들이 차를 썼음을 눈치 채지 못하는 것과 비슷한 상황이랄 수 있겠다.

실제로 질량(알갱이)은 빈 공간에서 미립자의 형태로 만들어진다. 양자 진공은 그야말로 전자들이 갑자기 생겨났다가 순식간에 다시 사라지곤 하는 부글거리는 미립자들의 늪지대이다.** 순전히 이론으로만 그렇다는 얘기가 아니다. 실제로 주목할 만한 결과들이 있다. 소용돌이치는 양자 진공의 바다가 원자 내부의 바깥층 전자를 희롱하는 것이다. 이 과정에서 전자가 방출하는 빛 에너지가 미세하게 변한다.***

우주의 기원을 연구하는 우주학자들은 자연의 법칙이 무에서 유를 창

---

* 8장 'E=mc²과 햇빛의 무게'를 보라.

조해 낸다는 사실을 놓치지 않았다. 그리하여, 이제 그들은 궁금해 한다. 상황이 이렇다면 우주 전체가 양자 파동이라는 진공에 불과한 것 아니냐고 말이다. 정말이지 비범하고 대담한 생각이다.

** 사실, 생성되는 모든 입자는 정반대 특성을 지니는 반입자와 동시에 만들어진다. 음으로 하전된 전자는 항상 양으로 하전된 양전자와 함께 생성되는 것이다.
*** 이것을 램 이동(Lamb shift)이라고 한다.

5

텔레파시 우주

: :

어떻게 원자들은 우주의 정반대에 있을 때조차
그토록 순식간에 서로에게 영향을 미칠 수 있을까.

전송하게, 스콧.

_ 제임스 T. 커크 선장

동전이 회전하고 있다. 동전은 튼튼한 상자 안에 있고, 상자는 깊은 바다 속 해구의 바다 진흙에 묻혀 있다. 무엇이 동전을 회전시키고, 무엇이 그 회전을 유지하도록 만드는지는 묻지 말도록 하자. 이건 잘 다듬어진 시나리오가 아니다. 우주의 반대편 먼 은하계의 차가운 달에 똑같은 상자가 놓여 있고, 그 안에서 똑같은 동전이 회전하고 있다는 게 요점이다.

첫 번째 동전이 앞면으로 나온다. 순간의 차이도 없이 거의 동시에 지구에서 100억 광년 떨어진 또 다른 동전은 뒷면이 나온다.

지구에 있는 동전이 뒷면으로 나오고, 먼 데 동전이 앞면으로 나올 수도 있다. 이게 중요한 게 아니다. 우주의 반대편에 있는 동전이 멀리 떨어진 지구에 있는 동전 상태를 즉시 안다는 게 중요하다. 반대의 설명도 가능하다.

도대체 어떻게 아는 걸까? 우주의 속도 한계는 광속이다.* 두 동전은 100억 광년 떨어져 있고, 따라서 한 동전의 상태 정보가 다른 동전에게 전달되려면 최소 100억 년이 걸려야 한다. 그러나 두 동전은 순식간에 서로의 상태 정보를 알아 버린다.

이처럼 '먼 거리를 사이에 두고 일어나는 도깨비 같은 행동'이 미시 세계의 가장 현저한 특징 가운데 하나로 밝혀졌다. 아인슈타인은 어찌나 심사가 뒤틀렸던지 양자이론은 사기라고 선언했다. 그러나 틀린 것은 아인슈타인 자신이었다.

물리학자들은 지난 20년 동안 먼 거리를 사이에 두고 존재하는 동전들의 반응을 관찰했다. 물론 동전은 양자 동전이었고, 그 거리도 우주를 배경으로 할 만큼 먼 거리는 아니었다.** 그럼에도 불구하고 각종 실험을 통해 원자와 그 친족들이 광속의 장벽을 뛰어넘어 순간적으로 소통함을 증명할 수 있었다. 물리학자들은 이 기묘한 양자 텔레파시(감응)를 비국소성(nonlocality)이라고 명명했다. 스핀이라고 불리는 입자의 괴상한 특성을 연구해 보면 이 점을 분명하게 알 수 있다.

---

* 7장 '시간과 공간의 죽음'을 보라.
** 사실 양자 동전이 먼 거리를 사이에 두고 도깨비 같은 행동을 하려면 동시에 만들어진 다음 분리되어야만 한다. 우주의 저편에 있는 두 동전 이야기를 심각하게 받아들여서는 안 되는 또 다른 이유다. 이미 지적했듯이 잘 짜인 시나리오가 아니라는 얘기다. 이 이야기는 한 가지 놀라운 사실, 그 사실만을 전달하기 위해 고안된 것이다. 그 사실은 무엇인가? 물체들은 양자 이론을 바탕으로 거의 동시에 서로에게 영향력을 행사할 수 있다. 우주의 반대편에 놓여 있을 때조차도 말이다.

먼 거리 사이에서 일어나는 도깨비 현상

스핀은 미시 세계 고유의 특성이다. 스핀을 가지는 입자들은 마치 회전하는 작은 팽이처럼 행동한다. 그들이 실제로 돌고 있지 않다는 것만 빼고! 우리는 미시 세계가 근본적으로 파악 불가능하다는 특성과 다시 한 번 대면한다. 스핀 역시 입자 고유의 예측할 수 없는 성질 그대로 일상의 세계에서는 직접적인 비유나 연관을 찾을 수 없는 어떤 것이다. 입자들은 서로 다른 스핀 양을 갖는다. 우연히도 전자는 최소 스핀 양을 갖는다. 전자는 이를 바탕으로 두 가지 방향으로 회전할 수 있다. 전자가 시계 방향과 반시계 방향으로 회전한다고 생각해 보자(물론 실제로 전자는 전혀 회전하지 않지만!).

전자 두 개가 함께 만들어지면—첫 번째 전자는 시계 방향 스핀을, 두 번째 전자는 반시계 방향 스핀을 갖는다—스핀은 상쇄된다. 물리학자들은 이때 총 스핀이 0이라고 말한다. 물론 첫 번째 전자가 반시계 방향 스핀을, 두 번째 전자가 시계 방향 스핀을 가져도 전자 쌍의 총 스핀은 0이다.

이로써 총 스핀은 변화가 없다는 자연의 법칙이 생길 수 있다. (우리가 '각운동량 보존의 법칙'이라고 부르는 바로 그것이다!) 전자들의 쌍이 총 스핀 0으로 만들어지면 그 쌍이 존재하는 한 스핀도 0이어야 한다.

여기까지는 이상할 게 하나도 없다. 그런데 총 스핀이 0인 상태에서 전자 두 개를 만들 수 있는 방법도 있다. 미시 세계에서 두 개의 상태가 가능하다면 그 두 상태의 중첩도 가능하다는 것을 상기해 보자. 결국 시계-반시계 방향인 동시에 반시계-시계 방향인 전자 쌍을 만드는 게 가능하다는 얘기다.

이게 무슨 의미일까? 전자들의 쌍이 주변 환경과 격리될 때에만 중첩할 수 있다는 것을 떠올려 보라. 외부 세계가 전자 쌍과 상호 작용하는 순간, 다시 말해 누군가가 전자들이 뭘 하는지 확인하는 순간 중첩은 결 흐트러짐을 통해 파괴된다. 전자들은 더 이상 정신분열적인 상태로 존재 하지 못하고, 시계-반시계 방향이나 반시계-시계 방향의 상태로 굴러 떨 어진다.

(미시 세계이므로) 여전히 이상할 것은 아무 것도 없다. 그러나 전자 들이 정신 분열적 상태에서 만들어진 다음 격리된 채 아무도 볼 수 없다 고 생각해 보자. 그렇게 전자 하나가 멀리 떨어진 곳에 놓인 상자 속에 들 어가 있다. 그때에야 비로소 누군가가 상자를 열고, 전자의 스핀을 관측 한다.

먼 곳의 전자가 시계 방향 스핀을 가진 것으로 드러나면 그 즉시로 다 른 전자는 정신 분열적 상태에서 벗어나 반시계 방향의 스핀을 가져야 한 다. 요컨대 총 스핀이 항상 0을 유지해야 하기 때문이다. 다른 한편으로 전 자가 반시계 방향으로 회전하고 있다면 대응쌍의 전자는 동시적으로 시 계 방향 스핀을 가져야 할 테다.

한 개의 전자가 해저에 반쯤 파묻힌 강철 상자 안에 들어 있고, 다른 전자는 우주의 반대편 상자 속에 있는지 여부는 중요하지 않다. 전자는 다 른 전자의 상태에 순간적으로 반응한다. 이것은 결코 비밀스런 이론이 아 니다. 실제로 실험실에서 동시적 영향력이 확인되었다.

1982년 알랭 아스페가 이끄는 연구진이 파리 사우스 대학교에서 광 자 쌍을 만들어, 그 각각을 13미터 떨어진 개별 검출기로 보냈다. 검출기 들은 스핀과 관련된 특성인 광자들의 분극화를 측정해 냈다. 아스페의 연 구팀은 한 검출기에서 광자들의 분극화를 측정하는 행위가 다른 검출기 에서 측정되는 분극화에 영향을 미침을 증명했다. 10나노 초가 안 되는 시간에 어떤 영향력이 발휘되어 그런 일이 일어났던 것이다. 10나노 초라면 광선이 13미터를 여행하는 데 걸리는 시간의 4분의 1이라는 게 중요했다.

어떤 영향력이 발휘되어 빛보다 최소 4배 더 빠른 속도로 검출기 사이를 이동한 것이다. 기술이 발전해 훨씬 더 작은 시간 간격을 재는 게 가능했다면 아스페는 그 귀신 같은 영향력이 훨씬 더 빠르게 작용함을 증명할 수 있었을 것이다. 양자이론은 옳았고, 아인슈타인은 틀렸던 것이다. 부디 그에게 신의 축복이 함께 하기를!

비국소성은 보통의 평범한 비양자적 세계에선 결코 일어나지 않는다. 한 개의 기단이 두 개의 토네이도로 분리되어, 하나는 시계 방향으로 회전하고 다른 하나는 반시계 방향으로 회전할 수도 있다. 그러나 이것은 그것들이 정반대 방향으로 회전하면서 존재하다가 마침내는 둘 다 수증기가 고갈되는 방식이다. 양자적 미시 세계에서 확인할 수 있는 결정적 차이점은 입자들의 스핀이 관측될 때까지는 미결정 상태라는 것이다. 특정한 쌍에서 전자 한 개의 스핀이 관측되기 전까지는 전혀 예측할 수 없는 셈이다. 전자는 시계 방향 스핀의 확률이 50퍼센트, 반시계 방향 스핀의 확률이 50퍼센트이다(다시 한 번 우리는 미시 세계의 적나라한 무작위성과 대면하게 된다). 그러나 관측될 때까지는 전자의 스핀을 알 수 있는 방법이 전혀 없음에도 불구하고 나머지 전자의 스핀이 순간적으로 정반대 상태로 결정되어야만 한다는 것은 분명한 사실이다. 다른 입자가 얼마나 멀리 떨어져 있느냐는 상관이 없다.

얽힘

입자들이 상호 작용을 통해 '얽히고', 하나의 특성이 항구적으로 다른 입자의 특성에 좌우되는 경향이야말로 비국소성의 핵심이다. 전자 쌍의 경우에는 전자들의 스핀이 서로에 의존한다. 실제로 얽힌 입자들은 더 이상 개별적으로 존재하지 않는다. 열렬한 사랑에 빠진 한 쌍의 남녀처럼 얽힌 입자들도 기묘한 일심동체이다. 얽힌 입자들은 아무리 멀리 떨어져 있어도 서로 연결되어 있다.

얽힘이 가장 기묘한 방식으로 드러나는 현상은, 의심할 나위 없이, 비국소성이다. 실제로 우리가 비국소성을 이용할 수만 있다면 동시적인 통신 시스템을 만들 수도 있을 것 같다. 단 한 순간의 지체도 없이 지구 반대편에 있는 사람과 통화를 할 수 있는 것이다. 나아가 단 한 순간의 차이도 없이 동시에 우주 저 편에 있는 사람과 통화할 수도 있다! 더 이상 광속이라는 성가신 장벽의 방해를 받을 필요가 없는 것이다.

그러나 애석하게도 비국소성을 활용해 동시적인 통신 시스템을 만드는 것은 불가능하다. 입자들의 스핀을 이용해 멀리 떨어진 곳까지 신호를 전달하려면 스핀의 한 방향은 '0'으로 코드화하고, 나머지 하나는 '1'로 코드화해야 할 것이다. 그러나 '0'과 '1'로 부호화된 신호를 보낸다는 걸 알려면 먼저 입자의 스핀을 확인해야만 할 것이다. 그런데 스핀을 확인하는 순간 중첩은 파괴되고 만다. 중첩은 동시적 효과를 얻는 데 꼭 필요한 상태이다. 따라서 여러분이 먼저 살펴보지도 않고 메시지를 보낸다면 예를 들어, '1'을 전송할 확률이 50퍼센트에 불과하다. 이것은 의미 있는 메시지가 사실상 헝클어질 불확실성의 수준이다.

결국 동시적 영향력이 우리 우주의 근본적 특징임에도 불구하고 자연이 실제 정보를 전송하는 데 이 특징을 활용할 수 없게 작용하고 있음이 밝혀진 셈이다. 자연은 이런 식으로 광속의 장벽을 무너뜨리지 않으면서도 그것을 깨뜨린다. 자연은 잔인하게도 한 손으로 선물한 것을 다른 손으로 앗아간다.

공간 이동

얽힘 현상을 가장 매력적으로 활용하는 방법은 대상을 완벽하게 기술한 정보를 멀리 떨어진 기계로 송신해 그쪽에서 다시 대상을 완벽하게 복제해 내는 공간 이동일 것이다. 「스타트렉」의 전송기처럼 말이다. '광선에 노출된' 승무원들은 무시로 행성과 함선을 오간다.

대상을 기술해 주는 정보만으로 물체를 재구성하는 기술은 우리의 현재 능력을 크게 벗어난다. 사실 멀리 떨어진 곳에서 대상을 완벽하게 복제한다는 개념은 이보다 훨씬 더 기본적인 사실 위에서 무너지고 만다. 하이젠베르크의 불확정성원리에 따르면 대상을 완벽하게 기술하는 것은 불가능하다. 그 모든 원자와 각 원자 내부의 전자 등등의 위치를 말이다. 이에 관한 지식이 없는데 어떻게 정확한 복제를 수행할 수 있겠는가?

놀랍게도 얽힘이 탈출구를 제공한다. 얽힌 입자들은 나눌 수 없는 하나의 개체로 행동하기 때문이다. 어떻게 보면 그들은 서로의 가장 깊은 비밀을 알고 있다.

입자 P가 있다고 해보자. 우리는 완벽한 복제 입자 P'을 만들고 싶다. 그렇게 하려면 당연히 P의 특성을 파악해야만 한다. 그러나 하이젠베르크의 불확정성원리에 따르면 P의 구체적 특징 하나를 정확히 측정하면—이를 테면, 위치— 불가피하게도 다른 특성을 알 길이 없다(이 경우에는 속도). 그럼에도 불구하고 얽힘을 교묘하게 활용하면 이 치명적 한계를 우회할 수 있다.

다시 입자 A를 상정해 보자. A는 P 및 P' 모두와 유사하다. 여기서 중요한 것은, A와 P′이 얽힌 쌍이라는 사실이다. 이제 A를 P와 얽어서 그 쌍을 측정해 보자. 그렇게 하면 P의 일부 특성을 알 수 있다. 그러나 하이젠베르크의 불확정성원리에 따라 우리는 필연적으로 P의 다른 특성들을 놓치게 된다.

하지만 아직 끝나지 않았다. P′은 A와 얽혀 있고, 따라서 A의 특성 내용을 간직하고 있다. 다시 A는 P와 얽혀 있고, P의 내용을 담고 있다. 이게 무슨 말일까? P′이 P와 접해 본 적이 없음에도 불구하고 P의 비밀을 알고 있다는 얘기이다. A와 P를 측정하는 과정에서 P의 일부 특성 정보가 사라지는 듯한 바로 그 순간 A와 얽혀 있는 P′이 그 정보를 이용할 수 있게 되는 것이다. 바로 이것이 얽힘의 기적이다.

우리는 A한테서 얻은 P의 다른 특성 정보들을 이미 알고 있고, 따라서 P′이 정확히 P의 특성을 갖도록 만드는 데 필요한 정보를 모두 손에 넣은 셈이다.* 이런 식으로 우리는 얽힘을 활용해 하이젠베르크의 불확정성원리가 부과하는 제약을 우회할 수 있다.

우리가 얽힘을 이용해 P의 특성을 그대로 빼다 박은 입자 P′을 만들 수 있음에도 불구하고 P의 특성 정보를 결코 알지 못한다는 사실이 놀랍지 않은가! 얽힘이라는 귀신 같은 연계를 통해 쥐도 새도 모르게 전송되는 것이다.**

이런 계획을 공간 이동이라고 부르는 것은 조금은 뻔뻔스런 과대 선

---

* 원래 입자 P의 정보는 평범한 수단으로, 다시 말해 우주의 속도 한계인 광속보다 느리게 전송되어야만 한다. 따라서 P와 P′이 멀리 떨어져 있다고 할지라도 P의 완벽한 복제본인 P′의 생성은 동시적이지 않다. 얽힌 입자들인 A와 P의 교신이 동시적이라고 해도 말이다.
** 얽힘을 활용한다고 해도 원본을 파괴해야만 대상을 복제할 수 있다는 사실은 여전하다. 복사판을 만들면서 원본을 유지하는 것은 불가능하다.

전이다. 「스타트렉」에 나오는 전송기를 제작하는 데서 제기되는 여러 문제 가운데 겨우 하나만을 해결했을 뿐이니까. 물론 과학자들도 이 사실을 안다. 하지만 그들은 화제를 좇는 신문사를 끌어들이는 방법도 훤히 꿰고 있다!

공교롭게도 「스타트렉」 전송기의 아킬레스건은 인체를 구성하는 원자들 각각의 위치 등등을 파악하는 것도 아니고, 그 정보를 바탕으로 사람을 복제하는 것도 아니다. 이 기계가 실제로 하는 일은 공간을 가로질러 사람을 기술하는 데 필요한 정보를 전송하는 것이다. 2차원 TV 영상을 재구성하는 것보다 수십억 배 더 많은 정보가 필요하다. 정보를 전달하는 확실한 방법은 일련의 2진수 '비트'이다. 정보가 납득할 만한 시간 안에 전달되려면 파장이 짧아야만 한다. 나아가 초단파는 초고에너지 광선으로만 만들 수 있다. SF 작가 아서 C. 클라크가 지적했듯이, 커크 선장을 전송하려면 작은 은하 하나보다 더 많은 양의 에너지가 필요할 것이다!

공간 이동과 비국소성을 제쳐두더라도 얽힘이 야기하는 가장 흥미로운 결과는 그것이 전체 우주에서 가지는 의미이다. 과거 한때 우주의 모든 입자는 동일한 상태에 놓여 있었다. 왜냐고? 모든 입자가 빅뱅과 함께 탄생했기 때문이다. 따라서 우주의 모든 입자는 어느 정도 서로 얽혀 있다.

귀신 같은 양자 연계망이 우주를 종횡으로 교차하면서 여러분과 나를 가장 먼 은하의 마지막 물질과 연결해 주고 있는 것이다. 우리는 텔레파시 우주에 살고 있다. 이 사실이 참으로 의미하는 바를 물리학자들이 아직 다 밝혀내지는 못했지만 말이다.

얽힘으로 양자이론이 제출하는 미해결 문제를 설명할 수도 있다. 일상의 생활 세계는 도대체 어디에서 오는 것인가?

일상의 세계는 도대체 어디에서 오는가

양자이론에 따르면 상태들의 기묘한 중첩은 가능할 뿐만 아니라 보장되어 있는 것이다. 원자는 동시에 복수의 장소에 존재할 수 있고, 동시에 여러 가지 일도 할 수 있다. 미시 세계에서 관찰되는 여러 괴이한 현상은 이런 가능태들이 간섭한 결과이다. 그건 그렇다 치고, 여러 원자가 결합해 일상 생활에서 마주치는 물체들을 만들 때 그 대상들은 왜 양자적으로 행동하지 않는 것일까? 이를 테면, 나무는 동시에 두 곳에 존재하는 듯 행동하지 않고, 개구리와 기린이 뒤섞인 것처럼 행동하는 동물도 없다.

이 수수께끼를 해명하려는 최초의 시도가 이루어졌다. 1920년대 코펜하겐에서 활약하던 양자이론의 개척자 닐스 보어가 그 주인공이다. 코펜하겐 해석은 우주를 두 개의 영역으로 나눈다. 그 두 개의 영역이 서로 다른 법칙의 지배를 받는다고 보는 것이다. 한편으로는 아주 작은 것들의 세계가 있다. 이 영역은 양자이론의 지배를 받는다. 다른 한편으로 아주 큰 것들의 세계가 존재한다. 이 영역은 통상의, 다시 말해 고전적인 법칙들이 지배한다. 코펜하겐 해석에 따르면 원자와 같은 양자 물체는 고전적인 물체와 상호 작용할 때 정신 분열적 중첩 상태에 놓이기를 그만두고, 분별 있게 행동하기 시작한다. 여기서 고전적 물체라 함은 탐지 장비, 심지어 인간일 수도 있다.

그런데 고전적 물체가 도대체 무얼 하기에 양자 물체가 양자적이기를 그만두는 것일까? 훨씬 더 중요한 문제도 있다. 고전적 물체를 구성하는 것은 무엇인가? 요컨대 눈은 원자가 대규모로 결합한 집합체일 뿐이다. 익히 알고 있듯이, 그 구성 원자들 각각은 양자이론을 따른다. 이 점이 코펜하겐 해석의 아킬레스건이고, 바로 그런 이유로 많은 사람이 일상의 생활 세계가 어디에서 오는 것인지와 관련해 코펜하겐 해석이 만족스런 답을 주지 못한다고 생각한다.

코펜하겐 해석은 우주를 독단적으로 두 영역으로 나눠 버린다. 그 가운데 하나만이 양자이론의 지배를 받는다고 보는 것이다. 이런 설명 방식 자체가 아주 패배적이다. 요컨대 양자이론이 실재하는 모든 것에 대한 근본적인 설명 방법이라면 어디에나 적용되어야 할 것이다. 원자 세계는 물론이고 일상의 세계에서도 말이다. 그게 보편 이론이라는 것을 오늘날의 물리학자들은 철썩같이 믿고 있다.

우리는 양자 세계를 직접 관찰해 본 적이 없다. 양자계가 주변 환경에 끼치는 영향을 관측할 수 있을 뿐이다. 그것은 측정 장비일 수도 있고 인간의 눈일 수도 있으며, 일반적으로 우주일 것이다. 예를 들어 보자. 대상에서 나오는 빛은 눈의 망막에 작용해 상을 남긴다. 관측자가 아는 것은 관측자의 정체와 분리되지 않는다. 양자이론이 어디에나 적용된다면 양자 대상은 또 다른 양자 대상을 관측하고 기록할 것이다. 그러므로 문제의 핵심을 다시 말하면 이렇다. 기묘한 정신 분열적 상태들은 왜 환경에 효과를 미치지 못하는 반면, 왜 일상의 상태들은 환경을 특징 짓는가? 예를 들어 보면 도움이 될지도 모르겠다.

아원자 입자가 고속으로 대기 중을 비행하면 통과하는 곳 근처의 원자들에 포함된 전자와 충돌한다. 그 궤도를 10센티미터 정도 볼 수 있다고 상상해 보자. 그리고 그 10센티미터 거리에서 입자가 전자 한 개와 상호 작용해 모체 원자에서 떨어져 나올 확률이 50퍼센트라고 치자.

그러니까 우리가 관심을 갖고 있는 입자는 전자를 떼어 내거나 전자를 떼어 내지 못한다. 그러나 전자가 분리되는 사건은 양자적 사태이기 때문에 또 다른 가능성이 존재하게 된다. 두 사태의 '중첩' 말이다. 입자는 전자를 떼어 내면서 동시에 떼어 내지 못한다! 정리해 보자. 이런 사태가 환경과 얽힐 때 그 효과가 남지 않는 이유는 무엇인가? 운이 좋아서 안개 상자(cloud chamber)라고 하는 정교한 장치가 개발되면 전자 방출 사태를 실제로 관측할 수 있게 될 것이다.

기온이 떨어지면 수증기가 응결해서 물방울이 형성되고, 대기 중의 안개(구름)가 된다. 이 과정은 공기 중에 먼지 입자 같은 것들이 있으면 쉽게 일어난다. 물방울이 성장할 수 있는 '씨앗'으로 기능하는 셈이다. 그 씨앗─안개 상자를 작동시키는 데서 가장 중요한─이 먼지 알갱이처럼 클 필요는 없다. 전자를 잃은 단 한 개의 원자, 다시 말해 이온 정도면 된다.

안개 상자는 측면에 안을 들여다볼 수 있는 창이 달린 상자로, 수증기를 가득 채운다. 수증기가 초고순도라는 점이 매우 중요하다. 수증기가 응결할 수 있는 씨앗이 전혀 없어야 하기 때문이다. 수증기는 언제라도 물방울을 형성할 상태지만 씨앗이 없어서 물방울이 생성되지 않는다. 바로 이때 고속의 아원자 입자를 쏘는 것이다. 입자가 원자와 부딪쳐 전자를 떼어내는 곳에서 그 즉시로 이온을 씨앗 삼아 물방울이 성장한다. 적절하게 조작하면, 물방울은 안개 상자에 부착된 창을 통해 관찰할 수 있을 정도는 된다.

창을 통해 무얼 보게 될까? 한 개의 물방울이 만들어지거나 전혀 만들어지지 않을 것이다. 아무튼 우리는 이 가능성들 중에서 하나만을 보게 된다. 두 가지가 중첩하는 것을 볼 수는 없는 것이다. 반은 존재하고 반은 존재하지 않는 귀신 같은 물방울이라니! 여기서 의문이 생긴다. 도대체 안개 상자에서 무슨 일이 일어나 이 중첩이 기록되지 못하는 것일까?

물방울이 형성되는 사태를 다시 생각해 보자. 한 개의 이온화된 원자를 바탕으로 물방울이 만들어진다. 물방울이 전혀 형성되지 않는 사태 속에서도 그 원자는 존재한다. 원자가 이온화되지 않으면 그 주위로 물방울도 생기지 않는다. 원자를 확실히 관측하기 위해 두 경우 모두에서 빨갛게 칠해 놓았다고 가정하자(물론 원자에 색을 칠할 수는 없지만).

물방울이 형성될 때 빨간 원자 주위의 원자에 주목해 보자. 물은 수증기보다 밀도가 크다. 원자들이 더 촘촘하게 결합되어 있기 때문이다. 우리가 살펴보는 원자도 물방울이 전혀 생성되지 않는 사태에서보다 빨간 원자와 더 밀접한 상태에 놓여 있을 것이다. 그렇기 때문에 첫 번째 사태의 원자를 구현하는 확률 파동은 동일한 원자가 두 번째 사태에 놓일 때의 확률 파동과 부분적으로만 겹친다. 그러니까 파동들이 반만 겹친다고 할 수 있다.

다음으로 첫 번째 사태에 놓인 두 번째 원자를 생각해 보자. 두 번째 원자도 두 번째 사태보다 첫 번째 사태에서 더 밀접한 상태에 놓일 것이다. 다시 한 번 그것들의 확률 파동은 절반만 겹친다. 이제 원자 두 개를 함께 구현하는 확률 파동을 고려해 보자. $1/2 \times 1/2 = 1/4$이기 때문에 그 확률 파동은 4분의 1만 겹칠 것이다.

이 사태가 어떻게 전개되리라고 보는가? 물방울에 100만 개의 원자가 들어 있다고 해보자. 실제로 원자들은 아주 작은 물방울에 해당한다. 첫 번째 사태에서 100만 개의 원자를 구현하는 확률 파동은 두 번째 사태의 원자 100만 개를 구현하는 확률 파동과 얼마나 겹칠까? 그 답은 $1/2 \times 1/2 \times 1/2 \times \cdots$ 100만 번이다. 이것은 매우 작은 수치이다. 결국 0의 수준으로 겹친다고 할 수 있는 셈이다.

그러나 두 개의 파동이 전혀 겹치지 않는데 어떻게 간섭할까? 물론 그 대답은 간섭할 수 없다는 것이다. 하지만 간섭은 모든 양자 현상의 근본이다. 두 사태의 간섭이 불가능하다면 우리는 이것 아니면 저것의 사태는 일어나지만 이 사태가 저 사태와 섞이는 것—양자 현상의 본질—은 결코 볼 수 없다.

겹치지 않아 간섭할 수 없는 확률 파동을, 우리는 간섭성을 잃어버렸다고, 다시 말해 '결이 흐트러졌다'고 한다. 다수의 원자로 구성되는 환경에서 양자 사태의 기록이 결코 양자적이지 않은 궁극적 이유는 결흐트러짐 때문이다. 안개 상자의 경우 '환경'은 이온화되거나/이온화되지 않은 원자 주위의 원자 백만 개다. 그러나 일반적으로 환경은 우주의 원자 수천조 개로 구성된다. 결흐트러짐이 위력을 발휘해, 환경과 얽힌 사태들의 확률 파동이 겹치는 것을 막을 수 있는 이유다. 우리는 이런 방식으로만 사태를 경험하고, 그래서 양자적 행동을 직접 목도할 수 없는 것이다. 관측자가 아는 내용은 관측자의 존재(정체)와 구분되지 않는다.

6

다양성의 기원과 동일성

: :

생활 세계의 광대무비한 다양성은
전자에 문신을 새겨 구별할 수 없기 때문에 가능하다.

_ 스티븐 라이트

어느 날 아침 일어났더니 세간이 몽땅 사라지고 없었다. 놀라운 일은 똑같은 복제품이 그 자리를 차지하고 있었다는 것이다.

_ 스티븐 라이트

사람들이 그걸 보려고 도처에서 몰려왔다. 강이 위로 흘렀던 것이다. 강은 어항(漁港)을 지나 거꾸로 흐르더니, 밀집한 주택 단지를 거슬러올라, 양들이 여기저기 흩어져 풀을 뜯는 산허리를 굽이쳐서, 도시가 내려다보이는 바위투성이 산 정상에 다다랐다. 갈매기들이 깜짝 놀라서 상공을 선회했다. 흥분한 아이들은 강 주변을 뛰어다녔다. 강의 하류에 연한 선술집들은 일제히 피크닉 테이블을 야외에 설치했고, 여행객들은 이 놀라운 자연의 경이에 눈을 떼지 못했다. 탁자 위의 맥주는 잔의 옆면을 슬금슬금 기어오르더니 조용히 땅으로 쏟아졌다.

이처럼 중력을 무시하고 위로 흐르는 액체는 전혀 존재할 수 없는 것일까? 놀랍게도 그런 액체가 존재한다. 이것 역시 양자이론의 또 다른 결론이다.

원자와 아원자 입자들은 여러 가지 불가능한 일을 할 수 있다. 이를 테면, 그것들은 동시에 두 곳 이상에 존재할 수 있다. 꿰뚫을 수 없는 장벽을 관통할 수 있다. 우주의 상이한 곳에 있을 때조차도 거의 동시에 서로에 관해 알 수 있다. 도저히 예측할 수 없다. 아무 이유도 없이 작용하고 행동하는 것이다. 아원자 입자들의 그 모든 특성 가운데서도 아마 가장 충격적이고 심란한 특징일 것이다.

이 모든 현상은 결국 전자나 광자 등등의 파동-입자성으로 소급된다. 그러나 미시 세계의 대상을 생활 세계의 대상과 근본적으로 구별짓는 것이 그 기묘한 이중성만은 아니다. 구별 불가능성(indistinguishability)이 바로 그것이다. 모든 전자는 다른 모든 전자와 동일하다. 모든 광자는 다른 모든 광자와 동일하다. 기타 등등.*

얼핏 보면 이것은 그다지 주목할 만한 특성처럼 보이지 않을 수도 있다. 그러나 생활 세계의 대상들을 한 번 생각해 보라. 같은 모델에 색깔도 똑같은 두 대의 자동차는 동일해 보인다. 그러나 실제로 그 두 자동차는 같지 않다. 자세히 살펴보면 도장의 균일성, 타이어의 공기압, 기타 수천 가지 측면에서 조금씩 다르다는 것을 금방 알 수 있다.

이 사실을 아주 작은 대상들의 세계와 비교 대조해 보자. 미립자들은 어떤 방법을 동원해도 할퀴어 버리거나 표시할 수 없다. 여러분은 전자에

---

* 물론 광자들은 파장이 다르기 때문에 여기서는 동일한 파장을 갖는 광자들이 서로 동일하다고 얘기하는 것이다.

문신을 할 수 없다! 미립자들은 절대적으로 구별이 불가능하다.* 광자는 물론이고 미시 세계의 다른 모든 시민들도 마찬가지다. 이 구별 불가능성 이야말로 태양 아래 정녕 새로운 것이라 할 수 있다. 구별 불가능성은 미시 세계와 생활 세계 모두에 주목할 만한 결과를 야기한다. 우리가 사는 세계가 지금 모습대로 존재하는 이유가 바로 그 구별 불가능성에 있다.

구별할 수 없는 것들의 간섭

미시 세계의 온갖 기묘한 양상, 이를 테면 원자가 동시에 복수의 장소에 존재할 수 있는 능력이 간섭에서 기인한다는 점을 상기해 보자. 예를 들어, 이중슬릿 실험에서 두 번째 영사막에 생기는 특유의 명암 줄무늬는 왼쪽 실틈을 통과하는 입자에 조응하는 파동과 오른쪽 실틈을 통과하는 입자에 조응하는 파동이 간섭한 결과다.

개별 입자가 어떤 실틈을 통과하는지 확인하는 수단을 설치하면 간섭무늬가 결흐트러짐 때문에 사라진다는 사실도 기억해 두자. 양자택일적 사태들을 구별할 수 없을 때에만 간섭이 일어난다. 이 경우에는 한쪽 실틈을 통과하는 입자와 다른 쪽 실틈을 통과하는 입자이다.

이중슬릿 실험의 경우 양자택일적 사태는 구별이 불가능하다. 그러나 전자처럼 동일한 입자들이 완전히 새로운 종류의 구별 불가능한 사태

---

* 존 휠러와 리처드 파인만이 전자를 절대로 구별할 수 없는 이유를 재미있게 제안했다. 우주에는 전자가 단 한 개뿐이라는 것이었다! 실이 태피스트리를 종횡으로 움직이는 것처럼 그 전자가 시간의 경과 속에서 전후좌우로 움직인다는 그림이 제시되었다. 그에 따르면 우리는 실이 태피스트리를 누비는 복수의 장소를 보면서 그 각각에 개별 전자가 있다고 오해하는 셈이다.

들을 발생시킨다.

여자친구와 클럽에 가서 놀려는 10대 소년이 있다고 해보자. 우연인지 여자친구에게는 일란성 쌍둥이 자매가 있다. 그런데 여자친구가 집에서 TV나 보겠다고 마음 먹고, 남자친구에게 숨긴 채 대신 쌍둥이 자매를 대타로 내보냈다. 두 소녀가 똑같아 보이는 (물론 두 소녀는 미시적 수준에서 동일하지 않다) 소년은 여자친구와 놀러가는지 그 자매와 놀러가는지를 구별하지 못한다.

이처럼 그저 구별이 불가능한 사물이기 때문에 구별이 불가능한 사태들은 거시 세계에서 심각한 결과를 야기하지 않는다. (일란성 쌍둥이 자매가 각자의 남자친구들을 속여 먹는 것은 별문제로 하자.) 그러나 미시 세계에서는 아주 커다란 차이가 발생한다. 왜 그런가? 이유가 무엇이든, 구별이 불가능한 사태들이 서로 간섭하기 때문이다.

동일한 것들의 충돌

충돌하는 두 개의 원자핵을 상정해 보자. 두 개의 원자핵이 정반대 방향에서 날아와 정면 충돌한 다음 다시 정반대 방향으로 날아가는 충돌이라고 하자. 일반적으로 들어가는 방향과 나가는 방향은 같지 않다. 시계 문자반을 생각해 보자. 원자핵들이 이를 테면 9시 방향과 3시 방향에서 날아와 충돌하면 4시 방향과 10시 방향으로, 또는 1시 방향과 7시 방향으로 튕겨나가게 될 것이다. 방향만 서로 정반대라면 다른 어떤 방향 쌍이라도 문제가 되지 않는다.

가상의 시계 문자반에서 검출기를 정반대 방향에 설치하고, 테두리에서 한꺼번에 가동시키면 두 개의 원자핵이 어느 방향으로 튕겨나가는지를 알 수 있다. 검출기가 4시 방향과 10시 방향에 설치되었다고 해보자. 이 경우 원자핵이 검출기에 걸릴 수 있는 방법은 두 가지다. 먼저 두 개의 원자핵이 빗나간 펀치처럼 충돌했다고 해보자. 그러면 9시 방향에서 날아온 원자핵은 4시 방향에 설치된 검출기에 걸리고, 3시 방향에서 날아온 원자핵은 10시 방향에 설치된 검출기에 걸릴 것이다. 두 번째 가능성은 두 개의 원자핵이 거의 정면으로 충돌하는 것이다. 그러면 9시 방향에서 날아온 원자핵은 날아온 경로와 거의 같은 방향으로 되튀어 10시 방향에 설치된 검출기에 걸리고, 3시 방향에서 날아온 원자핵도 마찬가지로 날아온 경로와 거의 같은 방향으로 되튀어 4시 방향에 설치된 검출기에 걸릴 것이다.

4시 방향과 10시 방향이 무슨 특별한 경로도 아니다. 두 개의 검출기를 어디에 설치하든 원자핵들이 검출기에 걸릴 수 있는 양자택일적 경로는 두 가지이다. 각각을 사태 A와 사태 B로 부르기로 하자.

두 개의 원자핵이 다르다면 무슨 일이 일어날까? 9시 방향에서 날아오는 원자핵이 탄소 원자핵이고, 3시 방향에서 날아오는 원자핵이 헬륨 원자핵이라고 해보자. 이 경우라면 사태 A와 사태 B를 구별하는 게 언제나 가능하다. 요컨대 탄소 원자핵이 10시 방향에 설치된 검출기에 포착되면 사태 A가 일어났음이 자명하고, 3시 방향에 설치된 검출기에 포착되면 사태 B임에 틀림없다.

그러나 두 개의 원자핵이 동일하다면 어떻게 될까? 둘 다 헬륨 원자핵이라면 말이다. 이 경우에는 사태 A와 사태 B를 구별하는 게 불가능하다. 10시 방향에 설치된 검출기에 포착된 헬륨 원자핵은 어느 하나의 경로를 따라 거기로 튕겨 왔을 테고, 4시 방향에 설치된 검출기에 포착된 헬륨 원자핵에도 동일한 진술이 적용된다. 사태 A와 사태 B가 구별 불가능한 것이다. 그리고, 미시 세계에서 두 개의 사태가 구별 불가능하면 그와 결부된 파동이 간섭한다.

두 개의 원자핵이 충돌할 때 간섭은 커다란 변화를 가져온다. 예를 들어, 두 개의 구별 불가능한 충돌 사태와 결부된 두 개의 파동은 10시 방향과 4시 방향에서 상쇄적으로 간섭할 수 있다. 다시 말해서, 서로를 말소해 버린다는 얘기이다. 그렇게 될 경우 검출기들은 원자핵을 전혀 포착하지 못한다. 실험을 아무리 반복해서 수행한다고 할지라도 말이다. 이게 다가 아니다. 두 개의 파동이 10시 방향과 4시 방향에서 서로를 보강적으로 간섭할 수도 있다. 이번에는 서로가 서로를 강화하는 형국이다. 검출기들은 비정상적으로 많은 수의 원자핵을 포착하게 된다.

일반적으로 얘기해 보면, 간섭으로 인해서 사태 A와 사태 B에 조응하는 파동들이 서로를 말소하는 경로와, 파동들이 서로를 강화해 주는 경로가 있음을 알 수 있다. 그러므로 실험이 수천 번 반복되고, 충돌 후 튕겨나오는 원자핵들이 가상의 시계 문자반 주위에 설치된 검출기들에 포착된다면 그 검출기들은 엄청나게 다양한 경로로 원자핵들을 보게 될 것이다. 어떤 검출기는 원자핵을 많이 포착하는 반면에 다른 검출기는 하나도 포착하지 못하는 경우도 있을 것이다.

그러나 이 경우는 원자핵들이 서로 다른 경우와는 매우 다르다. 원자핵이 다르면 간섭이 없고, 검출기들은 사방으로 나오는 원자핵들을 포착하게 된다. 시계의 문자반에서 원자핵들이 포착되지 않는 곳도 존재하지 않을 것이다.

원자핵들이 동일할 때의 실험 결과와 원자핵들이 다를 때의 실험 결과가 보여 주는 이 놀라운 차이는 탄소 원자와 헬륨 원자의 질량 차이 때문이 아니다(물론 이것이 약간의 영향을 미치기는 하지만). 충돌 사태 A와 충돌 사태 B를 구별할 수 있느냐 없느냐로 소급되는 문제이다.

이런 일이 실제 세계에서 일어난다면 어떤 의미일지 한 번 생각해 보자. 빨강색 볼링 공과 파랑색 볼링 공을 계속해서 충돌시키면 산지사방, 가능한 모든 방향으로 튕겨나갈 것이다. 그러나 빨강 공을 파랑색으로 칠해 두 공을 구별할 수 없게 되면 두 공의 색깔이 달랐을 때보다 공들이 훨씬 더 빈번하게 튕겨나가는 방향이 생기게 된다.

미시 세계에서 동일한 입자들이 관여하는 사태들이 서로 간섭할 수 있다는 사실은 양자의 유별남에 지나지 않는 걸로 비칠지도 모르겠다. 그러나 그렇지 않다. 자연적으로 존재하는 상이한 종류의 원자가 단 한 개가 아니라 92개나 되는 이유가 바로 이것이다. 우리가 사는 세계가 보이는 다양성의 근본이 바로 이것이다. 그러나 그 이유를 이해하려면 동일한 입자들이 충돌하는 미묘한 과정을 먼저 파악해야만 한다.

두 부류의 입자

원자핵들이 다른 경우—탄소 원자핵과 헬륨 원자핵으로—를 상기해 보자. 그리고 두 가지 충돌 사태를 다시 살펴 보자. 원자핵들이 빗나간 펀치처럼 충돌하는 경우와, 정면으로 부딪쳐 날아온 방향과 거의 같은 방향으로 튕겨나가는 경우 말이다. 이것은 무엇을 의미하는가? 9시 방향에서 날아온 원자핵에 대응해서 4시 방향으로 튕겨나가는 파동도 있고 10시 방향으로 튕겨나가는 파동도 있다는 얘기이다.

여기서 핵심은 사태의 확률이 그 사태와 결부된 파동의 파고가 아니라 파고의 제곱과 연관되어 있다는 사실이다. 그러므로 4시 방향으로 튕겨나가는 사태가 벌어질 확률은 4시 방향 파고의 제곱이고, 10시 방향으로 튕겨나가는 사태가 벌어질 확률은 10시 방향 파고의 제곱이다. 그리고 바로 여기에 결정적 불가사의가 도사리고 있다.

10시 방향으로 튕겨나가는 원자핵에 조응하는 파동이 충돌로 인해 골이 마루로, 마루가 골로 바뀌었다고 가정해 보자. 이 일이 그 사태의 확률에 변화를 가져올까? 이에 답하기 위해 먼저 물결파를 고찰해 보자. 알다시피 물결파는 일련의 골과 마루가 교대로 나타난다. 물의 평균 수면이 0이라고 해보자. 마루의 높이가 양수──이를 테면, +1미터──, 골의 깊이가 음수──-1미터──가 되도록. 마루의 높이를 제곱하든 골의 깊이를 제곱하든 아무런 차이가 없음을 알 수 있다(1곱하기1은 1, -1곱하기-1도 1이므로). 튕겨나온 원자핵과 결부된 확률 파동이 뒤집혀도 사태의 확률에는 아무런 변화가 일어나지 않음을 알 수 있다.

그런데 파동이 뒤집힐지도 모른다고 믿어야 할 이유가 있는 것일까? 10시 방향으로 튕겨나가는 충돌과 4시 방향으로 튕기는 충돌은 아주 다른 사태이다. 하나에서는 원자핵의 궤도가 거의 바뀌지 않는 반면 다른 사태에서는 원자핵의 궤도가 크게 바뀐다. 10시 방향으로 튕겨나간 원자핵의 파동이 뒤집혔을지도 모른다는 시나리오는 적어도 그럴 듯하다.

시나리오가 단지 그럴 듯하다고 해서 실제로 그런 일이 일어나는 것은 물론 아니다. 그러나 이 경우에는 시나리오가 사실이다! 자연에는 이용 가능한 두 가지 가능성이 있다. 자연은 하나의 충돌 사태 파동을 뒤집어 버리거나 그대로 내버려둘 수 있다. 자연이 이 두 가지 사태를 모두 이용할 수 있다는 사실이 밝혀졌다.

하지만 우리가 확률 파동의 뒤집힘을 어떻게 알 수 있단 말인가? 요컨대, 실험으로 측정할 수 있는 것이라고는 특정 충돌 사태의 확률에 따라 검출기가 포착하는 원자핵의 수뿐이다. 그런데 이것은 파고의 제곱으로 결정된다. 그리고 파고의 제곱값은 파동이 뒤집히든 뒤집히지 않든 동일하다. 충돌 사태에서 확률 파동에 실제로 무슨 일이 일어나는지가 시야에서 가려진 듯한 인상이다.

충돌하는 입자들이 다르면 이것은 확실히 맞는 얘기이다. 그러나 충돌하는 입자들이 동일하면 이것은 사실이 아니다. 구별 불가능한 사태들에 조응하는 파동들이 서로 간섭하기 때문이다. 실제로 간섭에서는 파동이 다른 파동과 결합하기 전에 뒤집히는지의 여부가 매우 중요하다. 파동이 뒤집히면 일치하거나 일치하지 않는 마루와 골 사이에 변위가 생겨서 서로를 상쇄하거나 보강할 수 있기 때문이다.

그렇다면 동일한 입자들의 충돌 사태에서는 무슨 일이 벌어지는 것일까? 이것이 기묘하다. 어떤 입자들―이를 테면, 광자들―의 경우에는 모든 사태가 헬륨 원자핵끼리의 충돌 사태와 똑같다. 두 가지 양자택일적 충돌 사태들에 조응하는 파동들이 순리대로 서로 간섭한다. 그러나 다른 입자들―이를 테면, 전자들―의 경우에는 사태가 완전히 딴판으로 전개된다. 두 가지 양자택일적 충돌 사태들에 조응하는 파동들이 간섭하기는 한다. 그러나 어느 한 파동이 뒤집힌 다음에야 비로소 간섭을 하는 것이다.

이렇게 자연의 기본적 구성 요소들이 두 부류로 나뉜다는 것이 밝혀졌다. 한편에는 파동이 서로 정상적으로 간섭하는 입자들이 존재한다. 이들 입자를 보존(boson)이라고 한다. 광자와, 가설적인 중력 운반자인 중력자가 보존들이다. 다른 한편에는 파동이 뒤집힌 파동과 간섭하는 입자들이 존재한다. 이것들을 페르미온(fermion)이라고 한다. 전자, 중성미자, 뮤온(muon)이 페르미온들이다.

입자들이 페르미온인지 보존인지, 다시 말해 입자들이 파동 뒤집기에 탐닉하는지의 여부는 스핀에 좌우된다는 사실이 밝혀졌다. 다른 입자들보다 스핀이 더 많은 입자들이 (기묘한 양자 세계에서는 스핀을 가지는 입자들이 사실은 회전하지 않음에도 불구하고!) 축을 중심으로 더 빨리 회전하는 것처럼 행동한다는 사실을 상기해 보자. 더 이상 나눌 수 없는 기본 스핀 수가 존재함이 밝혀졌다. 마찬가지로 미시 세계의 모든 것에는 더 이상 분할할 수 없는 기본 양이 존재한다. 역사적인 이유로, 그리고 대단히 골치 아픈 이유로, 이 '양자' 스핀은 1/2단위이다(단위가 무엇인지는 신경쓰지 말자). 보존들은 정수 스핀을 갖는다. 0단위, 1단위, 2단위 등등으로 말이다. 페르미온들은 '반(半)정수' 스핀을 갖는다. 1/2단위, 3/2단위, 5/2단위 등이다.

반정수 스핀을 갖는 입자들이 파동 뒤집기에 탐닉하는 이유는 무엇이고, 정수 스핀을 갖는 입자들이 그렇지 않은 이유는 또 무엇인가? 아주 좋은 질문이지만 이 문제를 해명하려면 골치 아픈 수학을 동원해야 한다. 리처드 파인만도 이 사실을 솔직히 고백했다. "아주 간명하게 진술할 수 있는 법칙도 존재하지만, 지금까지 그 누구도 쉬운 설명 방법을 찾아내지 못한 물리학의 몇 안 되는 테마 가운데 하나가 이것인 듯하다. 아마도 우리가 관련된 기본 원리들을 완벽하게 이해하지 못하고 있기 때문일 것이다."

원자 폭탄 개발에 참여했고, 1965년 노벨 물리학상을 수상한 파인만은 전후의 가장 위대한 물리학자 가운데 한 명일 것이다. 여러분에게 양자이론의 여러 생각들이 조금 어렵게 느껴지더라도 너무 실망하지 말기 바란다. 양자이론이 탄생하고 80여 년이 흘렀다. 물리학자들도 어서 빨리 안개가 걷혀서, 근본적 실재를 설명해 주는 양자이론의 내용을 명확히 이해할 수 있게 되기를 여전히 바라고 있다. 파인만 자신이 이렇게 말했다. "양자 역학을 제대로 이해하고 있는 사람이 아무도 없다고 말해도 틀린 말은 아닐 것이다."

스핀의 미스터리는 일단 묻어 두자. 하여튼 우리는 이 모든 것의 핵심에 마침내 도달하게 됐다. 전자와 같은 페르미온들에게 파동 뒤집기 (waveflipping)가 갖는 함의 말이다.

두 개의 헬륨 원자핵 말고, 서로 충돌하는 두 개의 전자를 상정해 보자. 두 개의 전자는 충돌 후에 거의 같은 방향으로 튕겨나간다. 두 개의 전자를 A와 B로, 각각의 방향을 1과 2로 부르자(1과 2가 거의 같은 방향이기는 하지만). 동일한 원자핵 두 개의 경우처럼 구별할 수 없는 사태의 시나리오는 두 가지이다. 전자 A가 1의 방향으로 튀고, 전자 B가 2의 방향으로 튀거나 전자 A가 2의 방향으로 튀고, 전자 B가 1의 방향으로 튀는 식으로 말이다.

전자는 페르미온이다. 따라서 가능한 한 가지 사태에 조응하는 파동이 변위를 일으켜 가능한 다른 사태에 조응하는 파동과 간섭할 수 있다. 그러나 가능한 두 가지 사태의 파동들이 동일하다는 것, 상당히 동일하다는 것이 결정적으로 중요하다. 요컨대 우리는 두 개의 동일한 입자가 거의 동일한 일을 하는 것에 관해 얘기하고 있는 셈이다. 그러나 두 개의 동일한 파동을 합친다고 해보자. 그중 하나는 변위를 일으켰다. 한 파동의 마루가 다른 파동의 골과 정확히 일치하게 될 것이다. 결국 서로를 완전히 상쇄하게 된다. 다시 말해서, 두 개의 전자가 정확히 같은 방향으로 튕겨나올 확률은 0이다. 그런 일은 절대로 가능하지 않다!

이 결과는 사실 훨씬 더 일반적이다. 두 개의 전자가 같은 방향으로 튕겨나오지 않을 뿐만 아니라 동일한 일을 할 수도 없다는 것이 밝혀졌다. 이런 금지의 원리를 오스트리아의 물리학자 볼프강 파울리의 이름을 따 파울리의 배타 원리라고 한다. 백색왜성이 존재하는 궁극적인 이유가 파울리의 배타 원리 때문임이 밝혀졌다. 전자가 너무나 작은 부피의 공간에 갇혀 있을 수 없다는 것은 분명한 사실이다. 그러나 그렇다고 해서 백색왜성 내부의 모든 전자가 동일한 작은 공간에 절대로 함께 모여 있을 수 없는 이유가 설명되는 것도 아니다. 그 해답은 파울리의 배타 원리에 있다. 두 개의 전자는 동일한 양자 상태에 놓일 수가 없다. 전자들은 엄청나게 비사교적이고, 전염병이라도 되는 양 서로를 회피한다.

이 문제를 이렇게 생각해 보자. 하이젠베르크의 불확정성원리에 따라 백색왜성의 중력으로 전자를 압착할 수 있는 최소 크기의 '상자'가 존재한다. 그러나 파울리의 배타 원리에 의하면 개별 전자는 자신만의 상자를 요구한다. 이 두 가지 효과가 결합해 언뜻 연약해 보이는 전자들의 기체가 백색왜성의 엄청난 중력에 저항할 수 있는 '강성'을 갖게 되는 것이다.

사실 여기에는 또 다른 미묘한 사실이 도사리고 있다. 두 가지 페르미온은, 동일한 것일 경우 파울리의 배타 원리에 따라 같은 일을 할 수가 없다. 그러나 전자들한테는 스핀을 바탕으로 서로 달라질 수 있는 방법이 있다. 시계 방향으로 회전하는 것처럼 행동할 수도 있고, 반시계 방향으로 회전하는 것처럼 행동할 수도 있는 것이다.* 전자의 이런 특성 때문에 두 개의 전자가 동일한 공간을 차지하는 것이 가능하다. 전자들이 비사교적일 수도 있다. 그러나 그렇다고 해서 전자들이 완벽한 외톨이는 아니다! 물론 백색왜성이 일상 생활에서 목격할 수 있는 물체는 아니다. 그러나 파울리의 배타 원리에는 훨씬 더 실질적인 의미가 있다. 요컨대, 파울리의 배타 원리는 서로 다른 유형의 원자가 왜 그렇게 많은지, 우리 주변의 세

---

* 물리학자들은 두 개의 양자택일적 스핀을 '위'와 '아래'라고 부른다. 이것은 다만 편리를 위한 것이다.

계가 왜 이렇게 복잡하고 흥미진진한지를 설명해 준다.

원자들이 다 똑같지 않은 이유

파이프오르간의 음관에 갇힌 음파가 몇 가지 제한된 방식으로만 진동하듯, 원자에 갇힌 전자와 결부된 파동도 똑같다는 것을 상기해 보자. 각각의 진동은, 특정한 에너지를 가지고 중앙에 위치한 원자핵에서 일정한 거리에 있는 전자가 취할 수 있는 궤도에 상응한다. (사실 궤도라고 하기는 하지만 전자를 발견할 가능성이 가장 많은 곳일 뿐이다. 전자는 물론이고 다른 소립자의 경우에도 100퍼센트 확실한 경로 같은 것은 존재하지 않는다.)

물리학자들과 화학자들은 그 궤도들을 숫자로 표시한다. 기저 상태라고도 하는 가장 깊숙한 궤도는 1번이다. 원자핵에서 순차적으로 멀어지는 궤도들은 당연히 2, 3, 4번 하는 식으로 표시된다. 이른바 이들 양자수의 존재를 통해 우리는 미시 세계의 모든 것—심지어는 전자들의 궤도조차—이 중간값 따위는 없는 불연속적 단계로 존재함을 알 수 있다.

전자가 한 궤도에서 원자핵에 더 가까운 또 다른 궤도로 '이동'할 때마다 원자는 에너지를 잃는다. 그 에너지가 광자의 형태로 발산되는 것이다. 광자의 에너지는 두 궤도 사이에 존재하는 에너지 차이와 정확하게 일치한다. 정반대 과정을 생각해 보자. 두 궤도의 에너지 차이에 부합하는 에너지를 가진 광자를 원자가 흡수할 것이다. 이 경우에 전자는 한 궤도에서 원자핵으로부터 더 먼 또 다른 궤도로 이동한다.

우리는 빛의 '방출'과 '흡수'에 관한 이런 그림을 바탕으로 상이한 원자들이 특정한 진동수에 상응하는 특정한 에너지의 광자들을 뱉어내거나 흡수하는 이유를 알 수 있다. 특정한 에너지란 전자 궤도들 사이의 에너지 차이이다. 허용된 궤도가 몇 개 안 되기 때문에 궤도가 '변화'하는 경우의 수도 제한적이다.

그러나 사태가 이렇게 단순하지만은 않다. 원자 내부에서 진동이 허용된 전자 파동은 아주 복잡한 3차원 사태이다. 원자핵과 일정한 거리에서 발견될 확률이 가장 크고, 다른 방향이 아니라 특정한 방향에서 발견될 가능성이 더 많은 전자에 상응하는 3차원 파동인 것이다. 이를 테면, 어떤 전자 파동은 다른 방향보다 원자의 북극과 남극에서 더 클 수 있다. 그런 궤도의 전자라면 당연히 북극과 남극에서 발견될 가능성이 가장 많을 것이다.

3차원 공간에서 방향을 기술하려면 숫자가 두 개 필요하다. 위도와 경도가 필요한 지구를 떠올려 보면 금방 알 수 있다. 마찬가지로, 방향과 함께 파고가 변하는 전자의 파동은 원자핵과의 거리를 특정해 주는 값 외에도 두 개의 양자 수가 더 필요하다. 다 합해서 세 개인 셈이다. 전자의 궤도(orbit)는 더 익숙한 궤도들—이를 테면, 태양의 주위를 도는 행성들의 궤도—과 완전히 다르고, 그래서 오비탈(orbital)이라는 특별한 명칭으로 부른다.

전자 궤도의 정확한 형태가 상이한 원자들이 결합해 물이나 이산화탄소 같은 분자들을 만드는 방식을 정함에 있어서 결정적으로 중요하다는 사실이 밝혀졌다. 여기서 제일 중요한 전자들이 최외각 전자이다. 이를 테면, 어떤 원자의 외각 전자 하나가 다른 원자와 공유돼, 화학 결합을 이룰 수 있는 것이다. 최외각 전자의 정확한 위치가 중요한 역할을 한다는 것은 분명하다. 예를 들어, 전자가 북극과 남극 위에서 발견될 확률이 가장 높다면 그 원자는 다른 원자들과 북극이나 남극에서 가장 쉽게 결합할 것이다.

　원자들이 결합할 수 있는 무수한 방법들에 관심을 기울이는 과학이 바로 화학이다. 원자들은 궁극의 구성 요소이다. 그것들을 여러 가지 상이한 방식으로 결합해 장미도 만들 수 있고, 금괴도 만들 수 있고, 인간도 만들 수 있다. 그러나 레고 블록이 결합해, 우리가 주변 세계에서 볼 수 있는 무수히 많은 물체들을 만드는 정확한 방법을 결정하는 것은 양자이론이다.

　당연히 레고 블록의 수많은 조합이 존재하려면 한 종류 이상의 블록이 필요할 것이다. 실제로 자연은 가장 가벼운 원자인 수소에서 가장 무거운 원자인 우라늄까지 92개의 블록을 사용한다. 그런데 서로 다른 원자들이 왜 그렇게 많은 것일까? 그것들은 왜 전부 똑같지 않은 것일까? 다시 한 번 이 모든 것이 양자이론으로 소급된다.

다시 한 번 원자들이 다 똑같지 않은 이유

원자핵의 전기장에 갇힌 전자들은 가파른 계곡에 떨어진 축구공과 비슷하다. 당연히 전자들은 가능한 가장 낮은 지점으로 언덕을 타고 내려갈 것이다. 결국은 가장 깊은 오비탈인 셈이다. 그러나 원자 내부의 전자들이 하는 일이 이것이라면 모든 원자의 크기가 같아지고 말 것이다. 더욱 더 심각한 사태는, 제일 바깥 오비탈의 전자들이 원자의 결합 방식을 결정하기 때문에 모든 원자가 정확히 동일한 방식으로 결합하게 된다는 점이다. 자연은 단 한 종류의 레고 블록만을 가지게 될 테고, 세계는 정말이지 무미건조하고 지루한 곳이 되고 말 것이다.

　이 세계가 단조롭고 지루한 곳으로 전락하는 것을 막아 주는 것이 바로 파울리의 배타 원리이다. 전자가 보존이라면 원자 내부의 전자들이 가장 깊은 오비탈에서 전부 차곡차곡 쌓일 것이다. 그러나 전자는 보존이 아니다. 전자는 페르미온이다. 그리고 페르미온은 뭉치는 것을 무지 싫어한다.

사태는 이렇게 작동한다. 서로 다른 종류의 원자들은 서로 다른 갯수의 전자를 갖는다(물론 이 전자들은 원자핵 내부의 양성자 갯수와 항상 동일하다). 이를 테면, 가장 가벼운 원자인 수소는 전자가 한 개고, 자연계에 존재하는 가장 무거운 원자인 우라늄은 전자가 92개이다. 이 논의에서 원자핵은 일단 무시하고 전자에만 집중하기로 하자. 수소 원자에서 시작해 한 번에 하나씩 차례로 전자를 더해 나간다고 해보자.

이용할 수 있는 첫 번째 궤도(오비탈)는 원자핵에서 가장 가까운, 곧 가장 깊은 궤도이다. 전자들은 추가될 때 맨 먼저 이 궤도부터 들어간다. 가장 깊은 궤도가 꽉 차서 더 이상 전자를 수용할 수 없게 되면 원자핵에서 더 먼 다음 궤도에 전자가 쌓인다. 그 궤도가 다시 꽉 차면 전자는 그 다음으로 먼 궤도를 채우게 된다.

원자핵에서 일정한 거리에 있는 모든 오비탈——당연히 상이한 방향 양자 수를 가질 것이다——을 전자 껍질이라고 부른다. 맨 안쪽 껍질을 차지할 수 있는 전자의 최대수가 2임이 밝혀졌다. 시계 방향 스핀을 가지는 것 한 개, 반시계 방향 스핀을 가지는 것 한 개. 수소 원자는 이 껍질에 전자가 한 개 있다. 다음으로 큰 원자인 헬륨 원자는 전자가 두 개이다.

그 다음으로 큰 원자는 리튬이다. 리튬의 전자는 세 개이다. 맨 안쪽 껍질에 더 이상 수용할 공간이 없으므로 세 번째 전자는 원자핵에서 더 먼 다음 껍질을 차지한다. 이 껍질의 전자 수용 한계는 8개이다. 전자가 10개를 초과하는 원자들에게는 이 껍질로도 부족하다. 그러면 원자핵에서 더 멀리 떨어진, 또 다른 껍질에 전자를 집어 넣게 된다.

파울리의 배타 원리는 두 개 이상의 전자가 동일한 오비탈에 존재하는 것을 막음으로써, 다시 말해 동일한 양자수를 갖지 못하게 함으로써 원자들을 다른 존재로 만든다. 파울리의 배타 원리는 물체가 보여 주는 강성의 원인이기도 하다. 리처드 파인만은 이렇게 말했다. "탁자나 그외 모든 것이 견고한 이유는 전자들이 차곡차곡 쌓일 수 없다는 사실 때문이다."

원자가 행동하는 방식, 다시 말해 원자의 정체성은 외곽 전자들에 의해 결정된다. 따라서 가장 바깥쪽 껍질에 있는 전자의 수가 동일한 원자들은 비슷한 방식으로 작용하고 행동하는 경향이 있다. 전자가 세 개인 리튬 원자는 최외각 전자가 한 개이다. 전자가 11개인 나트륨(소듐) 원자도 최외각 전자는 한 개이다. 리튬과 나트륨이 비슷한 종류의 원자들과 결합해, 유사한 특성을 보이는 것은 이 때문이다.

파울리의 배타 원리에 지배당하는 페르미온 이야기는 이쯤 해두자. 보존은 어떨까? 보존 입자들은 배타 원리의 지배를 받지 않는다. 따라서 매우 사교적일 것임을 충분히 예상할 수 있다. 일련의 주목할 만한 현상이 보존들의 이 사교성에서 비롯한다. 레이저, 영원히 흐르는 전류, 위로 흐르는 액체 등이 그런 것들이다.

보존이 동료들과 어울리기를 좋아하는 이유

두 개의 보존 입자가 작은 공간으로 들어간다고 해보자. 하나는 경로 상의 장애물과 부딪쳐 튕겨나가고, 나머지도 또 다른 장애물과 부딪쳐 튕겨나간다고 치자. 장애물이 뭔지는 중요하지 않다. 원자핵일 수도 있고 다른 무어라도 상관없다. 여기서 중요한 것은 보존들이 튕겨나가는 방향이다.

그 방향이 둘 모두 똑같은 것이다.

두 개의 보존 입자를 A와 B라고 하자. 그것들이 튕겨나가는 방향을 1과 2라고 하자(거의 같은 방향이라고 할지라도!). 두 가지 가능성이 존재한다. 입자 A는 1 방향으로, 입자 B가 2 방향으로 튕겨나가는 게 하나고, 입자 A가 2 방향으로 튕겨나가고 입자 B는 1 방향으로 나가는 게 나머지 하나다. A와 B는 미시 세계의 정신 분열증 환자들이다. 따라서 A의 파동은 1 방향으로 진행하고 B의 파동은 2 방향으로 진행하거나, A의 파동이 2 방향으로 진행하고 B의 파동이 1 방향으로 진행할 수도 있다.

두 개의 보존이 서로 다른 입자라면 둘 사이에 간섭이 일어날 수 없다. 따라서 검출기가 두 개의 도탄 입자를 포착할 확률은 첫 번째 입자의 파고의 제곱 더하기 두 번째 입자의 파고의 제곱이다. 미시 세계에서 어떤 사건이 일어날 확률은 결부된 파동이 보이는 파고의 제곱이다. 그런데 두 개의 확률이 대체로 동일하다는 사실이 밝혀졌다. 따라서 전체 확률은 각각의 사태가 개별적으로 발생할 확률의 두 배이다.

파동들이 두 과정 모두에서 파고가 1이라고 해보자. 두 과정의 확률을 얻기 위해 제곱해서 더하면 $(1 \times 1) + (1 \times 1) = 2$가 된다는 소리이다. 1의 확률이 100퍼센트이므로, 2의 확률은 터무니없는 것이 되어 버린다! 하지만 더 들어보라. 여전히 확률들을 비교할 수 있고, 우리는 이 모든 게 무엇을 의미하는지 알 수 있다.

이제 두 개의 보존이 동일한 입자들이라고 가정해 보자. 이 경우에는 두 개의 확률——A가 1 방향, B가 2 방향, 그리고 A가 2 방향, B가 1 방향——이 구별 불가능하다. 두 가지가 구별 불가능하기 때문에 그와 결부된 확률 파동이 서로 간섭할 수 있다. 결합된 파고는 $1+1=2$이다. 따라서 두 과정의 확률은 $(1+1) \times (1+1) = 4$이다.

이 값은 보존들이 동일하지 않을 때보다 두 배 더 크다. 다시 말해, 두 개의 보존이 동일하면 다를 때보다 동일한 방향으로 튕겨나올 확률이 두 배 더 높다. 이렇게도 얘기할 수 있다. 다른 보존도 그 방향으로 나올 경우 보존이 특정한 방향으로 튕겨나올 확률은 두 배로 높아진다.

보존이 많아질수록 그 효과도 현저해진다. n개의 보존이 존재하면 n+1번째 입자가 같은 방향으로 나올 확률이 다른 보존들이 전혀 존재하지 않을 때보다 n+1배 더 커진다. 집단 행동이란 바로 이런 것이다! 무언가를 하는 다른 보존들의 존재만으로도 그 다음 입자가 동일한 일을 할 확률이 엄청나게 커진다.

이런 군거성이 중요하게 응용된다는 사실이 밝혀졌다. 이를 테면, 빛의 전파가 그렇다.

레이저와 위로 흐르는 액체

지금까지 살펴본 모든 과정에는 특정한 방향으로 충돌해 튕겨나가는 입자들이 관여했다. 하지만 이것은 본질적이지 않다. 지금까지 사용한 논증 방식을 입자들의 생성에도 똑같이 적용할 수 있다. 이를 테면, 원자들이 광자를 '생성'해 빛을 방출하는 현상도 마찬가지다.

광자는 보존이다. 따라서 원자가 특정 에너지의 광자를 특정한 방향으로 방출할 확률은, 같은 에너지의 광자가 이미 n개 그 방향으로 날아갔다면 n+1의 인수로 증가한다. 방출된 모든 광자가 새롭게 방출되는 또 다른 광자의 확률을 높인다. 수천 개, 아니 수백만 개의 광자가 이미 날아갔다면 새로운 광자가 방출될 확률도 엄청나게 커진다.

그 결과는 극적이다. 태양 같은 통상의 광원에는 온갖 에너지의 광자가 무질서하게 섞여 있다. 반면 레이저는 엄격하게 공간을 주파하는, 막을 수 없는 광자들의 흐름이다. 레이저가 보존의 군거성이 발현된 유일한 실체도 아니다. 보존 원자들로 구성된 액체 헬륨도 있다.

우주에서 두 번째로 흔한 원자인 헬륨-4는 자연계에서 가장 기묘한 물질 가운데 하나다.* 헬륨-4는 지구보다 태양에서 먼저 발견된 유일한 원소로, 액체 가운데서 끓는점이 가장 낮다(섭씨 영하 269도). 얼어서 고체가 될 수 없는 유일한 액체가 바로 헬륨-4이다. 그러나 섭씨 영하 271도 아래서 헬륨이 보여 주는 행태를 생각해 보면 이 모든 사실이 무색해진다. 이 '람다 점' 아래서 헬륨-4는 초유체로 바뀐다.

액체는 통상 한 부분과 관련해 다른 부분을 운동시키려는 모든 시도에 저항한다. 수저로 휘저을 때 당밀이 저항하고, 헤엄칠 때 물이 저항하는 것을 떠올려 보라. 물리학자들은 이 저항을 점성도라고 부른다. 생각해 보면, 액체의 마찰인 셈이다. 우리는 서로와 관련해 운동하는 고체들의 마찰에 익숙하다. 자동차 타이어와 노면 사이의 마찰처럼. 그러나 우리는 서로와 관련해 운동하는 액체들의 마찰은 잘 모른다. 저항이 큰 당밀은 흔히 점성도가 높다고, 그러니까 그저 걸쭉하다고 말할 뿐이다.

액체의 한 부분이 나머지 부분과 다르게 운동할 때에만 점성도가 명백히 드러난다는 것은 분명하다. 미시적인 원자 수준에서 이 사태를 해명해 보면, 액체 원자 일부를 다른 액체 원자들이 차지한 상태와 다른 상태로 만드는 게 가능해야만 한다는 얘기인 셈이다.

정상 온도의 액체에서 구성 원자들은 복수의 상태에 놓일 수 있다. 그

---

* 헬륨-4의 원자핵에는 4개의 입자가 들어 있다. 양성자 두 개와 중성자 두 개. 덜 흔하지만 헬륨-3도 있다. 헬륨-3은 양성자 수는 같지만 중성자는 한 개 더 적다.

각각에서 원자들은 상이한 속도로 이리저리 흔들린다. 그러나 온도가 내려가면 구성 원자들은 점점 더 느려진다. 원자들이 선택할 수 있는 상태의 수가 점점 더 줄어드는 것이다. 그럼에도 불구하고 모든 원자가 다 동일한 상태에 놓일 수는 없다. 가장 낮은 온도에서도 그런 일은 불가능하다.

그러나 액체 헬륨 같은 보존 액체의 경우에는 사정이 다르다. n개의 보존이 이미 특정 상태에 놓여 있다면 또 다른 보존 한 개가 그 상태에 놓일 확률은, 다른 입자들이 전혀 그 상태에 놓이지 않았을 때보다 n+1배 더 크다. 헬륨 원자가 무수히 많은 액체 헬륨의 경우 n값은 아주 클 것이다. 따라서 액체 헬륨이 충분히 낮은 온도로 냉각되면 갑자기 모든 헬륨 원자가 동일한 상태로 돌변하는 때가 온다. 이것을 보스-아인슈타인 응축이라고 한다.

헬륨 원자가 전부 동일한 상태에 놓이면 액체의 한 부분이 다른 부분과 다르게 운동하는 게 불가능하거나 적어도 아주 어려워진다. 원자의 일부가 동조해서 함께 운동하기 시작하면 모든 원자가 이에 동참해야 한다. 결국 액체 헬륨은 점성도가 0이 되고 만다. 초유체가 되고 마는 것이다.

초유체 상태 액체 헬륨의 원자들은 고집스럽게 운동하려고 한다. 그 액체로 하여금 도대체가 무얼 하도록 만드는 게 쉽지 않은 것이다. 이유를 따져 보자. 첫째, 액체의 원자가 전부 그 일을 하도록 만들어야만 한다. 둘째, 원자들이 절대로 그 일을 하지 않는다. 예를 들어 보자. 양동이에 물을 담고, 축을 중심으로 양동이를 회전시킨다. 그러면 물도 결국 양동이와 함께 회전하게 된다. 양동이가 안쪽면과 직접 닿는 물 원자들—엄밀히 얘기하자면, 물 분자들—을 끌어당기기 때문이다. 이런 운동은 차례로 더 멀리 떨어진 곳의 물 분자들도 끌어당기고, 결국 물 전체가 양동이와 함께 도는 것이다. 물이 양동이와 함께 회전하는 상태에 도달하려면 액체의 상이한 부분들이 서로와 관련해 운동해야만 한다. 그러나 이미 지적한 것처럼 초유체에서는 이런 일이 일어나기가 아주 어렵다. 모든 원자가 함께 행동하거나 전혀 움직이지 않기 때문이다. 따라서 초유체 상태의 액체 헬륨을 양동이에 집어넣고, 양동이를 돌린다고 해도 내부의 액체 헬륨에게는 양동이의 회전력을 전달받을 수단이 전혀 없다. 초유체 헬륨은 양동이가 회전하는 중에도 완강하게 그 상태를 유지한다.

초유체 상태의 액체 헬륨에 들어 있는 원자들의 운동은 협력적인 바, 훨씬 더 기이한 현상을 야기한다. 이를 테면, 초유체는 다른 액체라면 전혀 통과할 수 없는 엄청나게 작은 구멍을 통과할 수 있다. 초유체는 언덕 위로 흐를 수 있는 유일한 액체이기도 하다.

헬륨에게 경량의 드문 혈족이 있다는 사실은 매우 흥미롭다. 헬륨-3은 정상적이어서 따분한 액체임이 밝혀졌다. 그 이유는 헬륨-3의 구성 입자들이 페르미온이기 때문이다. 초유체성은 보존만의 특성인 셈이다.

비밀을 얘기하자면 이게 전적으로 사실은 아니다. 미시 세계는 놀라운 현상으로 가득하다. 특수한 경우에는 페르미온이 보존처럼 행동하기도 하는 것이다!

영원히 흐르는 전류

페르미온이 보존처럼 작용하는 특수한 경우는 금속을 흐르는 전류 현상이다. 금속 원자들의 최외각 전자들은 아주 느슨하게 포박되어 있기 때문에 쉽게 탈주할 수 있다. 전지로 금속의 양쪽 끝에 전압을 걸어주면 무수히 많은 해방된 전자가 파도처럼 그 물질을 관류한다. 이것이 바로 전류다.*

물론 전자는 페르미온이고, 따라서 그것들은 비사교적이다. 사다리를 한 번 생각해 보자. 각각의 가로장이 더 높은 에너지 상태와 부합하는 사다리를. 전자들은 맨 아래부터 한 번에 두 개씩 가로장들을 채운다(보존이라면 맨 아래 가로장에 옹기종기 모여 있을 것이다). 각각의 전자 쌍에 가로장이 개별적으로 필요하다는 얘기는 금속 내부의 전자가 소박하게 예상할 수 있는 것보다 평균적으로 훨씬 더 많은 에너지를 갖는다는 말이다.

그러나 정말이지 기묘한 사태가 벌어지는 것은 금속을 절대온도 0도 가까이로 냉각했을 때다. 절대온도 0도는 생각할 수 있는 가장 낮은 온도이다. 전자는 금속을 이동할 때, 통상 다른 전자들과 완전히 무관하게 행동한다. 그러나 온도가 내려가면 사태가 달라진다. 금속 원자들은 더 둔하고 완만하게 진동한다. 원자들은 전자들보다 수천 배 더 묵직하다. 그러나 전자와 금속 원자의 전기적 중력은, 전자가 옆으로 지나가면서 자기 쪽으로 원자를 끌어당길 만큼 충분히 강하다.** 그렇게 이끌린 원자가 계속해서 또 다른 전자를 끌어당긴다. 이런 식으로 하나의 전자가 금속 원자를 매개로 해서 또 다른 전자를 끌어당긴다.

그 결과 금속을 흐르는 전류의 성격이 현저하게 바뀐다. 전류가 단독으로 행동하는 전자들의 현상이기를 그만두고, 짝을 이룬 전자들로 구성

---

* 그렇다면 금속은 왜 흐트러지지 않을까? 이 문제를 깨끗하게 해명하려면 양자 이론이 필요하다. 하지만 여기서는 아주 간단하게 설명해 보겠다. 떼어낸 전자, 그러니까 전도 전자는 음으로 대전된 구름을 형성해, 금속을 투과한다. 이 구름과 양으로 대전된 전자 박탈 상태의 금속 이온 사이에서 작용하는 인력이 도체가 된 금속을 결합해 주는 것이다.
** 엄밀히 얘기하면, 원자는 양이온이다. 전자를 잃은 원자들에게 부여하는 명칭이 양이온인 셈이다.

되는 것이다. 이를 쿠퍼쌍이라고 한다. 그런데 개별 쿠퍼쌍 내부의 전자들은 정반대 방향으로 회전하면서 서로를 상쇄한다. 결국 쿠퍼쌍은 보존인 셈이다!

쿠퍼쌍은 기묘한 실체이다. 심지어 쿠퍼쌍을 이루는 전자들끼리 금속 내부에서 친밀하지 않을 수도 있다. 쉽게 말해, 쿠퍼쌍의 전자 하나와 그 짝패 사이에 수천 개의 다른 전자가 있을 수 있는 것이다. 그러나 이것은 기묘한 세부 사실일 뿐, 핵심은 쿠퍼쌍이 보존이라는 점이다. 그리고 극저온 상태의 초전도체에서는 모든 보존이 동일한 상태로 응집한다. 결국 모든 보존이 제어할 수 없는 단일한 실체로 행동하는 것이다. 그것들이 한 덩어리로 흐르기 시작하면 멈춰 세우기가 아주 어렵다.

통상 금속에서는 전류가 비금속, 그러니까 불순한 원자들의 저항에 직면한다. 그 원자들이 전자들의 길을 가로막고, 진행을 방해하는 것이다. 통상의 금속에서 불순한 원자는 쉽게 전자를 저지한다. 그러나 불순한 원자가 초전도체의 쿠퍼쌍을 저지하는 건 거의 불가능하다. 모든 쿠퍼쌍이 수십 수천억 개의 다른 쿠퍼쌍과 밀접하게 연결되어 있기 때문이다. 불순한 원자는 이제 그 흐름을 더 이상 방해할 수 없다. 병사 한 명이 적군의 진격을 저지할 수 없는 것과 같은 이치이다. 초전도체의 전류는 흐름이 일단 시작되면 영원히 멈추지 않는다.

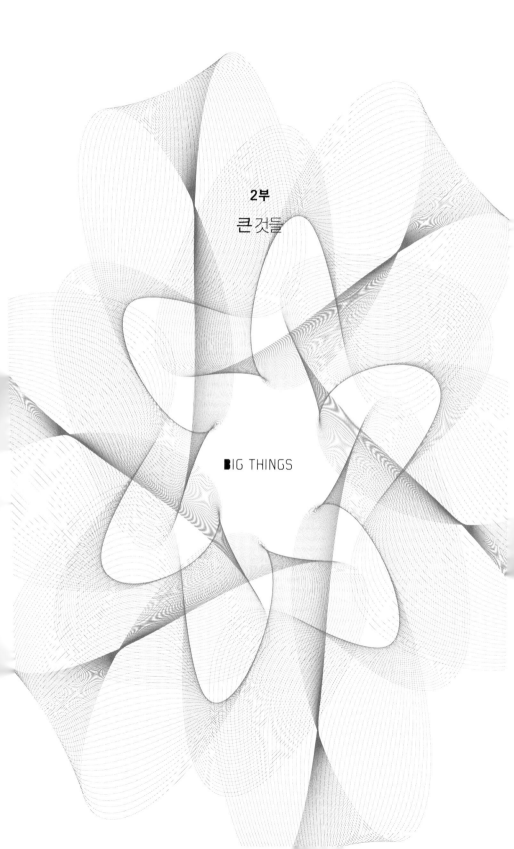

2부

큰 것들

BIG THINGS

7

시간과 공간의 죽음

: :

우리는 어떻게 알아냈을까.
빛이 우주 위에 세워진 반석이라면
시간과 공간은 끊임없이 떠도는 모래라는 걸.

예쁜 여자 곁에서 보내는 한 시간은 1분 같다. 뜨거운 난로 위에서의 1분은 한 시간보다 더 길게 느껴진다. 이것이 바로 상대성이다!

_ 알베르트 아인슈타인

그것은 누구도 본 적이 없는 정말로 기이한 100미터 경주였다. 단거리 주자들이 출발선을 순식간에 차고 나갔다. 그런데 이상한 일이 벌어졌다. 관람석 구경꾼들의 눈에 주자들이 점점 더 호리호리하게 보이는 것이 아닌가! 환호하는 군중이 점점 뒤로 멀어지자 주자들은 거의 팬케이크만큼 납작해졌다. 하지만 이건 기이한 축에도 끼지 못한다. 달리고 있는 주자들의 팔과 다리가 엄청나게 느린 속도로 움직이고 있는 것이다. 바람을 가르면서 달리는 게 아니라 물엿 속에서 허우적대는 것 같았다. 초조함을 느낀 관중이 일제히 박수를 치면서 응원했다. 일부는 화가 나서 입장권을 찢어

허공에 던지기까지 했다. 이렇게 애처로운 진행 속도로는 결승선에 도달하는 데 한 시간은 족히 걸릴 터였다. 구경꾼들은 실망과 분노 속에 자리를 박차고 일어나 경기장을 빠져 나갔다.

정말 터무니없는 광경이다. 그러나 실제로는 한 가지 세부 사실만 틀렸을 뿐이다. 무엇일까? 주자들의 속도. 만약 그들이 1,000만 배 더 빨리 달릴 수 있다면 우리는 정확히 이런 광경을 목격하게 될 것이다. 물체가 아주 빠른 속도로 지나가면 공간은 수축하고, 시간은 느리게 흐른다.* 이것은 한 가지 사실에 따른 필연적인 결과이다. 빛을 따라잡을 수 없다는 사실이 바로 그것이다.

따라잡을 수 없는 것이 무한대의 속도로 운동하는 어떤 것이라고 생각할지도 모르겠다. 요컨대 무한대는 상상할 수 있는 가장 큰 수로 정의된다. 여러분이 어떤 수를 생각하더라도 무한대는 그보다 더 크다. 그러므로 무한대의 속도로 운동할 수 있는 어떤 게 존재한다면 여러분이 그것을 따라잡을 수 없으리라는 것은 분명하다. 그것은 궁극적인 우주 속도의 한계일 것이다.

빛은 엄청나게 빠르게 여행한다. 허공에서 초당 30만 킬로미터의 속도를 자랑한다. 그렇더라도 무한대의 속도에는 한참 못 미치는 수준이다. 그럼에도 불구하고 여러분은 빛의 속도를 따라잡을 수 없다. 여러분이 아

---

* 엄밀히 얘기하면, 모든 주자들이 회전도 하는 것처럼 보이기 때문에 구경꾼들은 개별 주자의 먼 쪽도 일부 보게 된다. 순리상 보이지 않을 관중석 반대편 쪽 말이다. 이 기이한 효과를 '상대론적 광행차'라고 한다. 그러나 그 문제는 이 책의 범위를 벗어난다.

무리 빠르게 뛴다고 해도 이 사실에는 변함이 없다. 우리의 우주 공간에서는 누구도 완벽하게는 이해할 수 없는 이유 때문에 빛의 속도가 무한대 속도의 역할을 담당한다. 빛의 속도가 궁극적인 우주 속도의 한계인 셈이다.

이 기묘한 사실을 최초로 알아본 사람이 바로 알베르트 아인슈타인이다. 들리는 바에 따르면 그는 불과 열여섯 나이에 이렇게 자문했다고 한다. 사람들이 빛을 따라잡을 수 있다면 그 빛은 어떻게 보일까?

스코틀랜드의 물리학자 제임스 클럭 맥스웰의 발견 덕택에 아인슈타인은 위와 같은 질문을 할 수 있었고, 또 거기에 답할 수 있으리라는 희망을 가졌다. 1868년 맥스웰이 기존의 전기와 자기 현상 모두──전기 모터의 작동에서 자석의 작용에 이르는──를 몇 개의 우아한 수학 방정식으로 요약 정리해 냈다. 이 맥스웰 방정식은 예기치 않던 선물을 덤으로 안겨 주었다. 당시에는 생각지도 못했던 파동이 존재함을 예견한 것이다. 어떤 파동이었을까? 전자기 파동이 그것이다.

연못에서 퍼져 나가는 잔물결처럼 공간에 전파되는 맥스웰 파동은 초당 30만 킬로미터의 속도로 운동한다는 아주 놀라운 특징을 지녔다. 허공 속에서 운동하는 빛의 속도와 똑같았다! 정말이지 놀라운 우연의 일치였다. 맥스웰은 전자기 파동이 빛의 파동과 다르지 않다고 추론했다. 전기 현상 연구의 개척자인 마이클 패러데이를 제외하면 빛이 전기 및 자기와 연결되어 있음을 어렴풋이나마 알고 있던 사람은 거의 없었다. 맥스웰 방정식을 찬찬히 뜯어 보면 빛이 전자기 파동이라는 사실을 분명히 알 수 있었다.

자기(磁氣)는 보이지 않는 힘의 마당(역장)으로, 자석 주위의 공간에 영향을 미친다. 이를 테면, 막대자석의 자기장은 클립 같은 근처의 금속 물체를 끌어당긴다. 자연계에는 전기장이라고 하는 것도 존재한다. 전기적으로 하전된 물체의 주변 공간에 형성되는 보이지 않는 힘의 마당을 전기장이라고 한다. 예를 들어, 플라스틱 소재의 빗을 나일론 스웨터에 문지르면 전기장이 형성되어 작은 종잇조각들을 잡아당긴다.

맥스웰이 정리한 방정식에 따르면 빛은 이렇게 눈에 안 보이는 힘의 마당에 전파되는 파동이다. 물에서 퍼지는 파동을 생각해 보면 쉽게 알 수 있다. 물결은 파동이 지나가면서 수위가 바뀐다. 빛은 파동이 지나가면서 전자기력장의 세기가 바뀐다. 다시 말해 전자기력장이 없어졌다가 생기기를 반복한다. (사실 한 개의 역장이 생기면 다른 역장은 사라지고, 그 역도 성립한다. 하지만 여기서 중요한 것은 그게 아니다.)

전자기 파동의 정체와 관련해 왜 이렇게 골치 아픈 사실에 집착해야 하지? 아인슈타인의 질문을 이해하려면 그럴 수밖에 없다. 사람들이 빛을 따라잡을 수 있다면 그 빛은 어떻게 보일까?

고속도로에서 운전 중인 당신이 시속 100킬로미터로 운행 중인 다른 자동차를 따라잡았다고 해보자. 당신이 상대편 자동차에 접근해 갈수록 그 자동차는 어떻게 보일까? 분명 움직이지 않는 것처럼 보일 것이다. 창문을 내리면 상대방 운전자에게 고함을 칠 수 있을지도 모른다. 똑같다. 당신이 빛을 따라잡을 수 있다면 빛은 정지해 있는 것처럼 보여야 한다. 연못의 얼어붙은 잔물결들을 떠올려 보라.

맥스웰의 방정식은 얼어붙은 전자기 파동과 관련해 중요한 사실을 알려준다. 그중 하나가 전자기장은 결코 자라거나 없어지지 않으며 움직이지 않는 상태에 있다는 사실이다. 16세 소년 아인슈타인이 알아낸 핵심 내용이 바로 이것이었다. 그런 일은 결코 존재하지 않는 것이다! 얼어붙은 전자기 파동이란 있을 수 없다.

아인슈타인은 조숙한 질문과 함께 물리학의 법칙에 존재하는 역설이자 모순을 분명하게 지적했다. 여러분이 빛을 따라잡을 수 있다면 정지한 전자기 파동을 보게 될까? 그런 일은 없다. 불가능한 사태를 관찰하는 게 불가능하기 때문에 여러분은 빛을 따라잡을 수 없는 것이다! 달리 얘기해 볼까? 빛은 따라잡을 수 없는 실체이다. 그것은 우리 우주에서 무한대의 속도의 역할을 담당한다.

상대성이론의 주춧돌

빛을 따라잡을 수 없다는 사실을 다른 방식으로도 설명할 수 있다. 우주의 속도 한계가 무한대라고 가정해 보자(물론 이제 우리는 그럴 수 없다는 걸 알지만). 여기에 이를 테면, 전투기에서 무한대의 속도로 날 수 있는 미사일이 발사되는 상황을 추가해 보자. 땅에 서 있는 사람에게 미사일의 속도는 무한대 더하기 전투기의 속도일까? 만약 그렇다면 땅에 서 있는 사람에게 미사일의 속도는 무한대보다 더 크게 될 것이다. 그러나 이런 일은 불가능하다. 왜냐하면 무한대는 상상할 수 있는 가장 큰 수이기 때문이다. 말이 되려면 미사일의 속도가 여전히 무한대여야만 한다. 다시 말해, 미사일의 속도는 그 출처의 속도, 그러니까 전투기의 속도에 좌우되지 않는 것이다.

빛의 속도가 무한대의 속도로 기능하는 실제의 우주에서도 당연히 빛의 속도는 그 출처의 운동에 좌우되지 않는다. 광원의 운동 속도에 상관없이 빛의 속도는 초속 30만 킬로미터로 항상 일정하다.

빛의 속도가 광원의 운동에 영향을 받지 않는다는 사실은 상대성이론을 구성하는 두 기둥 가운데 하나이다. 아인슈타인은 1905년에 이를 바탕으로 새롭고 혁명적인 시공간 개념을 고안해 냈다. 그의 '특수' 상대성이론이 탄생한 1905년을 우리는 '기적의 해'라고 부른다. 그렇다면 나머지 한 기둥은 무엇일까? 상대성의 원리가 바로 그것이다.

17세기에 이탈리아의 위대한 물리학자 갈릴레오는 물리학의 법칙이 상대적 운동의 영향을 받지 않는다는 사실을 발견했다. 다시 말해서, 당신이 다른 누군가와 관련해 어떤 속도로 운동하든 물리 법칙은 항상 동일하다는 것이다. 운동장에 서서 10미터 떨어진 친구에게 공을 던진다고 해보자. 또는 당신이 이동 중인 열차에 탑승해 통로에서 10미터 떨어진 친구에게 마찬가지로 공을 던진다고 상상해 보자. 두 경우 모두에서 공은 비슷한 궤적을 그린다. 다시 말해, 공이 따르는 경로는 여러분이 운동장에 있거나 시속 120킬로미터로 달리는 기차에 있거나 아랑곳하지 않는다는 얘기다.

실제로 기차의 창문이 전부 밀봉되어 있고, 완충 장치의 성능이 탁월해서 진동을 전혀 느낄 수 없다면 공의 운동─기차 내부의 다른 어떤 물체를 예로 든다고 해도 마찬가지다─만 갖고서는 기차의 움직임 여부를 전혀 알 수 없다. 여러분이 어떤 속도로 운동하든 그 속도가 일정하게 유지되는 한 물리학의 법칙은 동일하게 적용된다. 물론 그 이유는 아무도 모르지만 말이다.

갈릴레오가 이런 얘기를 했을 때 그는 공기 중을 비행하는 포탄의 궤도 같은 것들을 주관하는 운동의 법칙을 염두에 두고 있었다. 아인슈타인은 여기서 한 발 더 나아갔다. 그는 이 개념을 과감하게도 모든 물리 법칙에 확대 적용했다. 거기에는 빛의 행동을 주관하는 광학의 법칙도 포함되었다. 그의 상대성 원리에 따르면 서로에 대해 등속으로 운동하는 관측자들에게는 모든 법칙이 일정해야 한다. 다시 말해, 밀봉된 기차에서는 빛이 앞뒤 좌우로 반사되는 방식으로도 기차의 운동 여부를 파악할 수 없는 것이다.

상대성 원리와 빛의 속도는 광원의 운동과 무관하게 일정하다는 사실을 결합하면 빛의 또 다른 놀라운 특성을 추론할 수 있다. 당신이 빠른 속도로 광원을 향해 운동한다고 해보자. 그렇다면 빛이 당신을 향해 운동하는 속도는 어떻게 될까? 움직이는 게 당신인지 광원인지 알아내기 위해 여러분이 할 수 있는 실험은 없다(밀봉된 기차를 떠올려 보라). 따라서 당신이 멈춰 있고, 광원이 당신을 향해 운동하고 있다고 가정해도 별 무리가 없다. 그러나 기억해야 한다. 빛의 속도는 광원의 속도에 좌우되지 않는다는 것을 말이다. 빛은 언제나 초당 30만 킬로미터의 속도로 광원을 출발한다. 그렇다면 당신은 정지해 있기 때문에 빛이 정확히 초당 30만 킬로미터의 속도로 도착할 것이다.

결론적으로, 빛의 속도는 광원의 운동과 무관할 뿐만 아니라 빛을 관측하는 그 누구(무엇)의 운동과도 무관하다. 달리 말해 보자. 우주의 모든 대상은 그 자신 어떤 속도로 운동하든 빛의 속도를 항상 일정하게 측정하게 된다. 말할 필요도 없이 그 속도는 당연히 초속 30만 킬로미터이다.

아인슈타인이 자신의 특수상대성이론으로 해명에 나선 것이 바로 실제에 있어 모든 대상이 빛의 속도를 동일하게 측정하는 방식이었다. 그러려면 한 가지 수밖에 없었다. 시간과 공간이 기존의 관념과 완전히 달라져야 했다.

수축하는 공간, 늘어나는 시간

시간과 공간이 왜 문제가 되는가? 빛을 포함해서 어떤 것의 속도는 대상이 일정한 시간 동안 이동한 공간 상의 거리이다. 거리를 측정하는 데는 흔히 자를, 시간을 측정하는 데는 시계를 사용한다. 따라서 각자의 운동 상태가 어떻든 모두가 빛의 속도를 동일하게 측정하려면 어떻게 해야 하는지의 문제를 다음과 같이 제시해 볼 수도 있다. 일정한 시간 동안 빛이 이동한 거리를 측정한다고 할 때 항상 초속 30만 킬로미터의 속도를 얻으려면 모두의 자와 시계에 어떤 일이 벌어져야만 할까?

이것이 아주 간결하게 요약한 특수상대성이론의 내용이다. 우주의 모든 대상이 빛의 속도에 합의하려면 시간과 공간에 무슨 일이 일어나야만 하는지에 대한 '비책'이 바로 특수상대성이론이다.

0.75배의 광속으로 날아오는 우주 잔해물 한 조각에 레이저 광선을 발사하는 우주선을 생각해 보자. 레이저 광선은 1.75배의 광속으로 우주 잔해물을 타격할 수 없다. 그런 일은 불가능하다. 레이저 광선은 정확히 빛의 속도로 우주 잔해물을 타격해야 한다. 유일한 방법은 사태를 관측하면서 일정 시간 동안 도착하는 빛이 이동하는 거리를 측정하는 누군가가 거리를 과소 측정하거나 시간을 과대 측정하는 것뿐이다.

아인슈타인이 알아낸 것처럼 실제로 두 가지 일이 다 일어난다. 바깥에서 우주선을 관측하는 사람에게는 움직이는 자가 수축하고, 움직이는 시계가 느려진다. 공간은 '수축'하고 시간은 '팽창'한다. 우주의 모든 대상에게 빛의 속도가 초속 30만 킬로미터로 감지되는 데 필요한 방식으로 시공간이 수축하고 팽창하는 것이다. 꼭 우주가 획책한 거대한 음모 같다. 우리 우주에서 불변의 상수는 공간이나 시간의 흐름이 아니라 빛의 속도이다. 우주의 다른 모든 대상은 빛의 현저한 지위를 유지하기 위해 각자 스스로 변화하고 적응해야만 한다.

시간과 공간은 둘 다 상대적이다. 길이와 시간 간격은 광속에 육박하는 속도에서 크게 휜다. 한 사람의 거리(공간 간격)는 다른 사람의 거리와 같지 않다. 한 사람의 시간 간격은 다른 사람의 시간 간격과 다르다.

관측자들이 다를 경우 시간이 다른 속도로 흐른다는 사실이 밝혀졌다. 시간은 관측자들이 서로에 대해 운동하는 속도에 좌우된다. 운동 속도가 빨라질수록 시계들의 똑딱임 사이의 불일치가 더 커지는 것이다. 여러분이 빨리 움직일수록 나이를 천천히 먹게 된다!* 시간이 느리게 흐른다는 사실은 광속에 육박하는 속도에서나 분명하게 알 수 있다. 이런 간단한 이유 때문에 인류는 꽤 오랜 시간 동안 진실을 모른 채 지냈다. 초음속 비행기가 달팽이처럼 하늘을 난다고 할 수 있을 정도로 빛의 속도는 엄청나다. 만약 빛의 속도가 시속 30킬로미터에 불과했다면 그 진실을 발견하는 데 아인슈타인 같은 천재가 필요하지 않았을 것이다. 시간 팽창 및 길이 수축과 같은 특수상대성이론의 효과는 다섯 살짜리 어린애들도 또렷하게 알 수 있었을 것이다.

시간만 그런 것이 아니다. 공간도 마찬가지다. 어떤 두 개의 대상 사이의 공간적 거리는 관측자들마다 서로 다르다. 당연히 그 거리는 두 대상이 서로에 대해 어떤 속도로 운동하는가에 좌우된다. 운동 속도가 빠를수록 거리의 불일치도 커진다. "빨리 움직일수록 더 호리호리해진다"고 아인슈타인은 말했다.** 다시 한 번, 우리가 빛의 빠르기에 근접한 속도

---

* 정확히 얘기하면, 정지해 있는 관찰자는 γ 인수에 따라 움직이는 관찰자의 시간이 느리게 흐름을 목격한다. 여기서 $\gamma = 1/\sqrt{(1-(v^2/c^2))}$이고, v와 c는 각각 움직이는 관찰자의 속도와 빛의 속도이다. 속도가 c에 육박하면 γ 값이 커지고, 움직이는 관측자의 시간도 정지 상태에 이를 정도로 느려진다!

** 더 정확히 얘기하면, 정지해 있는 관찰자는 γ 인수에 따라 움직이는 대상의 길이가 수축하는 것을 목격한다. 여기서 $\gamma = 1/\sqrt{(1-(v^2/c^2))}$이고, v와 c는 각각 움직이는 관찰자의 속도와 빛의 속도이다. 속도가 c에 육박하면 γ 값이 커지고, 대상도 운동 방향으로 팬케이크처럼 납작해진다!

로 운동하면서 산다면 이 사실도 자명하게 이해될 것이다. 그러나 우리는 자연계의 느린 보조 속에서 살고 있고, 진실을 보지 못하는 것이다. 시간과 공간은 유동하는 모래이고, 불변하는 광속이야말로 우주가 구축된 근본 원리임을 말이다. (상대성이론이 어렵게 느껴진다면 아인슈타인의 다음과 같은 언명에서 용기를 얻기 바란다. "이 세상에서 이해하기 가장 어려운 것은 소득세이다!" 이스라엘의 초대 대통령 하임 바이츠만이 했다는 다음의 말은 무시하자. 그는 1921년 아인슈타인과 함께 항해 여행을 한 후 이렇게 말했다. "아인슈타인은 내게 매일 자기 이론을 설명해 줬다. 도착할 때쯤 되자 나는 확신할 수 있었다. 그가 자기 이론을 완벽하게 이해했음을 말이다!")

빛보다 더 빨리 이동할 수 있는 게 있을까? 빛을 따라잡을 수 있는 것은 없다. 그러나 빛보다 더 빨리 운동하면서 영원히 살아가는 '아원자' 입자들이 존재할 가능성은 있다. 물리학자들은 그런 가상의 입자를 타키온이라고 부른다. 만약 타키온이 존재한다면 아마도 먼 미래에 우리가 우리 몸을 구성하는 원자를 타키온으로 바꿨다가 다시 돌려놓을 수 있는 방법을 찾을 수 있을지도 모른다. 그렇게만 할 수 있다면 우리도 빛보다 빨리 여행할 수 있다.

그러나 타키온의 문제점 가운데 하나는, 일정한 속도로 움직이는 관측자들의 관점에서 볼 때 빛보다 빨리 운동하는 대상이 출발하기도 전에 돌아오는 해괴한 상황을 연출할 수 있다는 것이다! 아래에 소개한 작자 미상의 유머스런 시를 보자.

그의 이름은 라이트
그는 로켓 탐험가

빛보다 빠르게 여행한다네

그가 어느 날 긴 여행길을 떠났네, 상대적인 방식으로

그런데 전날 밤에 도착했다네!

물리학자들은 역설의 가능성 때문에 시간 여행에 겁을 집어먹는다. 당신이 시간을 거슬러 올라가 할아버지를 살해하는 것과 같은 논리적 모순을 야기하는 사태들이 패러독스이다. 만약 당신의 외할아버지가 당신의 어머니를 갖기 전에 당신이 그를 죽이면 당신이 어떻게 태어나서 과거로 돌아가 외할아버지를 살해할 수 있단 말인가? 그러나 우리가 아직 모르는 어떤 물리 법칙이 개입해 온갖 역설적 상황을 차단하고, 그런 식으로 시간 여행이 가능할 수도 있다고 믿는 물리학자들이 있다.

상대성이론의 의미

그렇다면 상대성이론은 구체적으로 어떤 의미를 가질까? 당신이 광속의 99.5퍼센트 속도로 가장 가까운 항성에 갔다가 돌아올 수 있다고 해보자. 알파 켄타우루스는 지구에서 약 4.3광년 떨어져 있기 때문에 지구에 남은 사람들은 약 9년 후에 당신과 재회하게 된다. 아, 물론, 알파 켄타우루스에 발자국만 찍고 왔다고 가정해야 할 것이다. 그러나 당신의 관점에서는 알파 켄타우루스까지의 거리가 상대성이론 때문에 10배가량 줄어든다. 결국 왕복 여행에는 9년의 10분의 1, 그러니까 11개월 정도밖에 걸리지 않게 되는 셈이다. 당신이 21살 생일에 여행을 떠났다고 해보자. 우주 공항에는 당신의 일란성 쌍둥이 형제가 나와서 전송을 했다. 당신이 마침내 고향에 도착했다. 22살이 다 되었겠지? 그런데 당신의 쌍둥이 형제는 30살이 되어 있는 것이다!*

　고향에 남은 당신의 쌍둥이 형제는 이 사태를 어떻게 이해하게 될까? 어쩌면 그는 당신이 여행하는 내내 아주 느린 속도로 살았다고 생각할 것이다. 정말이지 그가 어찌어찌 해서 우주선 속에 있는 당신을 관찰할 수 있다면 당신이 마치 물엿 속에서 움직이는 듯한 광경을 보게 될 것이다. 선상의 모든 시계도 정상보다 약 10배 정도 더 느리게 움직일 테고. 당신의 쌍둥이 형제는 똑똑하게 이런 사태를 상대성 원리에 따른 시간 팽창 탓이라고 말할 것이다. 그러나 당신에게는 시계는 물론이고 우주선의 다른 모든 것이 완벽하게 정상적인 속도로 움직이는 것처럼 보인다. 이것이 바로 상대성 원리가 부리는 마법이다.

　당연히 당신이 알파 켄타우루스를 왕복 여행하는 속도가 빠르면 빠를수록 당신의 나이와 쌍둥이 형제의 나이 차이도 커진다. 우주를 충분히 빠른 속도로 충분히 멀리 여행해 보라. 당신이 돌아왔을 때 쌍둥이 형제는 이미 예전에 사망해 저 세상 사람이 되어 있을 수도 있다. 당신이 훨씬 더 빨리 여행하면 지구 자체가 소멸해 존재하지 않을지도 모른다. 실제로 당신이 광속에 약간 못 미치는 속도로 여행한다면 당신에게는 시간이 아주 느리게 흐를 테고, 당신은 우주의 미래 역사 전체가 고속감기 버튼

---

* 사실 이 논증에는 미묘한 결함이 있다. 운동은 상대적이기 때문에 지구에 남은 당신의 쌍둥이 형제가 지구는 광속의 99.5퍼센트 속도로 당신의 우주선에서 멀어졌다고 추론하는 것도 완벽하게 정당화될 수 있는 것이다. 그런데 이 관점은 이전과는 정반대인 결론을 도출한다. 당신과 관련해서 쌍둥이 형제의 시간이 느려지게 되는 것이다. 상대방과 관련해 두 사람 모두의 시간이 느리게 흐를 수 없다는 것은 분명하다. 알려진 대로 이 쌍둥이 역설을 해결하려면 당신의 우주선이 알파 켄타우루스에서 감속을 통해 운동 방향을 바꿔야만 한다는 점을 알아야 한다. 이런 감속 때문에 두 개의 관점—우주선의 운동과 지구의 운동—이 같지 않고, 따라서 호환될 수 없는 것이다.

을 누르고 감상하는 영화처럼 주변으로 휙휙 지나가는 걸 볼 수 있을 것이다. 러시아의 물리학자 이고르 노비코프는 이렇게 말했다. "미래를 찾아가는 방법을 맨 처음 알아낸 사람에게는 그 능력이야말로 아주 멋진 경험이 될 것이다."

우리에게는 아직 빛의 빠르기에 근접한 속도로 가장 가까운 별에 갔다가 돌아올 수 있는 능력이 없다(광속의 0.01퍼센트에도 못 미치는 실정이다). 그럼에도 불구하고 시간 팽창은 탐지할 수 있다. 그것도 현실의 생활 세계에서 말이다. 초고도의 정밀도를 자랑하는 원자 시계 두 개를 사용한 실험이 이루어졌다. 일단 시간을 똑같이 맞춘다. 그리고 하나는 비행기에 실어 세계 일주 여행을 시킨다. 나머지 하나는 그대로 둔다. 어떻게 되었을까? 시계를 다시 나란히 놓고 살펴 보았다. 세계 일주 여행을 한 시계가 그대로 둔 시계보다 아주 조금이지만 느려져 있었다. 움직이는 시계가 시간을 더 짧게 측정한다는 내용이야말로 아인슈타인이 예언했던 바다.

시간 지체는 우주비행사에게도 영향을 미친다. 노비코프는 탁월한 저서 『시간의 강』(The River of Time)에서 이렇게 말했다. "소비에트 살류트(Soviet Salyut) 우주 정거장의 승무원들이 1988년 지구로 귀환했다. 그들은 초속 8킬로미터의 속도로 1년 동안 궤도를 선회한 후였다. 그들은 100분의 1초 앞선 미래로 발걸음을 내딛였던 것이다."

시간 팽창 효과가 아주 작은 이유는 비행기와 우주선이 광속에 한참 못 미치는 속도로 운동하기 때문이다. 그러나 우주선(宇宙線, cosmic ray) 뮤온의 경우는 시간 팽창 효과가 현저하다. 우주에서 초고속으로 운동하는 원자핵인 우주선이 지구 대기의 상층부에서 공기 분자와 충돌할 때 생성되는 아원자 입자가 뮤온이다.

뮤온의 핵심은 녀석들이 비극적이게도 단명한다는 사실이다. 뮤온은 불과 150만 분의 1초면 붕괴한다. 뮤온은 광속의 99.92퍼센트 이상의 속도로 대기 속을 질주한다. 겨우 0.5킬로미터를 이동하고 자폭한다는 얘기이다. 뮤온이 대기권 약 12.5킬로미터 상공에서 생성되어 0.5킬로미터 이동하므로, 기본적으로 뮤온은 지면에 도달할 수 없다.

그러나 우리의 예상과는 다르다. 지구 표면 1제곱미터 당 매초 수백 개의 뮤온이 떨어지는 것이다. 이들 미립자는 어찌어찌 해서 25배나 더 긴 거리를 이동한다. 그리고, 이것은 전부 상대성 원리 때문이다.

고속으로 움직이는 뮤온이 경험하는 시간은 지구상의 누군가가 경험하는 시간과 다르다. 뮤온에게 언제 붕괴해야 할지를 알려주는 내부 자명종이 있다고 해보자. 광속의 99.92퍼센트 속도로 운동하는 자명종은 약 25의 인수로 느려진다. 지상의 관측자에게는 적어도 그렇게 보일 것이다. 그 결과로 뮤온은 정지 상태의 기대 수명보다 25배 더 오래 산다. 이는 붕괴하기 전에 지상에 도달할 수 있을 만큼 충분히 긴 시간이다. 지상에 도달한 우주선 뮤온은 시간 팽창 효과에 기대고 있는 셈이다.

뮤온의 관점에서는 이 세상이 어떻게 보일까? 우주 여행에 나선 쌍둥이나 세계를 일주하는 비행기에 실린 원자 시계의 관점에서도 한 번 생각해 보자. 이 모든 것들의 관점에서 볼 때 시간은 완벽하게 정상적으로 흐른다. 요컨대 각각은 스스로와 관련해 정지해 있다. 뮤온을 보자. 뮤온은 여전히 150만 분의 1초 후에 붕괴한다. 그러나 뮤온의 관점에서 보면 자기는 가만히 있는데 광속의 99.92퍼센트 속도로 다가오는 건 지구 표면이다. 따라서 뮤온은 자기가 이동해야 할 거리가 25의 인수로 줄어드는 걸 보게 된다. 극단적으로 짧은 수명에도 불구하고 뮤온이 지상에 도달할 수 있는 이유이다.

여러분이 시공간을 어떤 식으로 관측하든 시간과 공간의 거대한 우주적 음모가 작동한다.

상대성 원리의 존재 이유

빛의 빠르기에 근접하는 속도에서 시간과 공간이 보여 주는 행태는 정말이지 괴이하다. 하지만 전혀 놀랄 일이 아니다. 자연계의 느린 흐름 속에서 체험하는 일상 경험 때문에 우리는 한 사람의 시간 간격이 다른 사람의 시간 간격이고, 한 사람의 공간 간격 역시 다른 사람의 공간 간격이라고 생각한다. 그러나 이 두 가지 사실에 대한 우리의 믿음은 아주 허약한 가정에 기초하고 있다.

시간을 보자. 당신은 시간을 정의하겠다고 평생에 걸쳐 헛된 노력을 쏟아부을 수도 있다. 그러나 아인슈타인은 깨달았다. 유일하게 쓸 만한 정의는 실질적인 정의일 뿐임을 말이다. 우리는 시계를 가지고 시간의 경과를 측정한다. 그래서 아인슈타인은 이렇게 말했다. "시계가 측정하는 것이 바로 시간이다."(당연하고 뻔한 것을 천명하기 위해 천재가 필요하기도 한 법이다!)

모두가 두 사태 사이의 시간 간격을 동일하게 측정하려면 그들의 시계가 동일한 속도로 작동해야 한다. 그러나 모두가 알고 있듯이 그런 일은 결코 있을 수가 없다. 벽에 걸린 자명종이 조금 느릴 수도 있고, 당신의 손목시계가 약간 빠를 수도 있는 것이다. 우리는 이따금 시계를 조정해서 이 문제를 해결한다. 이를 테면, 누군가에게 정확한 시간을 묻고, 그에 따라서 시간을 바로잡는다. 아니면 BBC나 KBS 같은 방송국에서 전하는 시보(時報)를 활용하기도 한다. 그러나 잘 생각해 보면 시보 활용에는 하나의 가정이 숨어 있음을 알 수 있다. 시보 방송이 우리의 라디오까지 전달되는 데 시간이 전혀 걸리지 않는다는 가정이 깔려 있다. 시보가 오전 6시임을 알리면 오전 6시가 되는 셈이다.

시간이 전혀 걸리지 않는 신호는 무한대의 속도로 이동한다. 두 개의 진술 내용은 완전히 똑같다. 그러나 우리 우주에서 무한대의 속도로 이동할 수 있는 것은 없다는 사실을 우리는 알고 있다. 다른 한편으로, 전파—육안에는 보이지 않는 빛의 한 형태—의 속도는, 모든 인간적 생활 세계의 거리와 비교할 때, 전송자와 수신자 사이의 시간 지연을 전혀 알아챌 수 없을 만큼 엄청나게 빠른 수준이다. 이런 환경이라면, 전파가 무한대의 속도로 이동한다는 우리의 가정은 틀렸지만 그렇게 형편없지는 않다. 그러나 전송자와의 거리가 커져도 계속 그럴까? 전송자가 화성에 있다고 해보자.

화성이 가장 가까울 때는 그 신호가 우주 공간을 가로질러 지구까지 도달하는 데 5분 걸린다. 화성에서 전송되는 시보가 오전 6시라고 알리는 걸 듣고 시계를 오전 6시로 맞췄다가는 낭패 보기 십상이다. 이런 상황에서는 5분의 시간 지연을 고려하는 게 당연하다. 오전 6시라고 들으면 오전 6시 5분으로 맞춰야 하는 것이다.

당연히 전파 신호가 지구에서 화성까지 여행하는 데 걸리는 시간을 알아야 한다. 실제로 전파를 화성에 발사해 반사되는 신호를 포착해 그렇게 할 수 있다. 왕복에 10분이 걸리면 편도에는 5분이 걸릴 것이다.

그러므로 모두의 시계를 똑같이 맞추려고 할 때, 신호를 보내는 무한대 속도의 수단이 없다는 것 그 자체는 문제가 되지 않는다. 전파 신호를 여러 모로 검토해 시간 지연을 일일이 고려하면 가능하기 때문이다. 문제는 모두가 다른 모두에 대해 정지 상태에 있어야만 이게 완벽하게 들어맞다는 점이다. 실상 우주의 모든 대상은 다른 모든 대상에 대해 움직이고 있다. 그래서 당신이 운동하는 관측자들 사이에서 전파 신호를 발사하는 순간 광속이라는 기이한 항상성(상수)이 상식을 엉망으로 만들면서 파괴해 버리는 것이다.

지구와 화성을 왕복하는 우주선이 있고, 그 우주선의 속도가 매우 빨라서 지구와 화성이 정지해 있는 것처럼 보인다고 해보자. 아까처럼 당신이 화성에 전파 신호를 발사해 지구로 돌아오는 시간을 측정한다고 해보자. 왕복 10분이 걸렸다. 당신은 아까처럼 전파 신호가 화성에 도달하는 데 5분이면 족하다고 추론한다. 마찬가지로 오전 6시라고 알리는 화성 발 신호를 수신한 당신은 시간 지연 효과를 고려해 사실은 오전 6시 5분이라고 추론한다.

이제 우주선을 생각해 볼 차례이다. 당신이 전파 신호를 화성에 발사하는 것과 동시에 우주선도 전속력으로 화성을 향해 출발한다. 우주선의 관측자는 전파 신호가 화성에 언제 도달하는 것으로 보게 될까?

관측자의 관점에서 보면 화성이 다가오고 있다. 따라서 전파 신호는 더 짧은 거리를 이동한다. 그러나 신호의 속도는 당신이나 우주선의 관측자에게나 모두 똑같다. 요컨대 빛의 특이성이라는 것이다. 빛은 모두에 대해 정확히 동일한 속도로 운동한다.

속도란 어떤 대상이 일정 시간 동안 이동한 거리일 뿐임을 잊지 말자. 따라서 우주선의 관측자가 전파 신호가 더 짧은 거리를 이동하는 걸 보면서도 속도를 동일하게 측정하려면 시간도 더 짧게 측정해야만 한다. 다시 말해, 우주선의 관측자는 전파 신호가 당신의 추론보다 화성에 더 빨리 도달한다고 추론하게 되는 것이다. 우주선의 관측자에게는 화성의 시계가 더 느리게 돌아간다. 따라서 우주선의 관측자가 오전 6시를 알리는 화성 발 시보를 접수하면 더 짧아진 시간 지연 효과를 참작해, 당신의 결론처럼

6시 5분이 아니라, 이를 테면 6시 3분으로 바로잡아야 할 것이다.

결론은 서로에 대해 운동하는 두 관측자가 떨어져 있는 어느 한 사태에 동일한 시간을 할당하는 법이 결코 없다는 것이다. 그들의 시계는 항상 다른 속도로 돌아간다. 더 중요한 사실은, 이 차이가 근본적이라는 점이다. 그 어떤 독창성과 재주를 발휘한다 해도 시계 동조화에 따르는 곤란을 극복할 수 없다.

시공간의 그림자

시간 팽창과 공간 수축은, 우주에 있는 모든 대상이 각자의 운동 상태와 무관하게 빛의 속도를 동일하게 측정하기 위해 치러야만 하는 대가이다. 그러나 이는 시작일 뿐이다.

별(항성)이 두 개 있고, 우주복을 입은 사람이 별 중간의 암흑 속에 있다고 해보자. 그 두 개의 별이 동시에 폭발하는 것을 우주 유영 중인 사람이 본다고 상상해 보자. 이제 두 개의 별을 잇는 선을 따라 엄청난 속도로 이동하는 우주선을 머릿속에 그려보자. 그 우주선은 우주 유영자가 별 두 개가 폭발하는 것을 지켜볼 때 마침 옆을 지나간다. 우주선 조종사는 무얼 보게 될까?

우주선은 하나의 별을 향해 가면서, 나머지 별에서는 멀어지고 있기 때문에 접근하는 쪽 별에서 나오는 빛이 물러나는 쪽 별에서 나오는 빛보다 더 빨리 우주선에 도달한다. 결국 두 폭발은 동시에 일어나는 게 아닌 것으로 비친다. 동시성 개념조차도 광속이라는 불변 상수에 얻어맞고 나가떨어지는 것이다. 한 관측자에게는 동시적으로 비치는 사태가 그에 대해 움직이는 다른 관측자에게는 동시적이지 않다.

여기서 핵심은 폭발하는 별들이 공간 간격으로 떨어져 있다는 것이다. 한 사람이 공간에 의해서만 분리되어 있다고 관측하는 사태를 다른 사람은 시공간에 의해 분리되어 있다고 관측한다. 당연히 그 역도 성립한다. 한 사람이 시간에 의해서만 분리되어 있다고 관측하는 사태를 다른 사람은 시공간에 의해 분리되어 있다고 관측한다.

그러므로 빛의 속도를 동일하게 측정하는 모든 대상이 치르는 대가는, 고속으로 당신 옆을 지나가는 누군가의 시간이 느려지면서 공간이 수축하는 것일 뿐만 아니라, 그들의 공간 일부가 당신에게 시간처럼 비치고, 또 시간 일부가 공간처럼 비친다는 것이다. 한 사람의 공간 간격은 다른 사람의 시공간 간격이다. 또, 한 사람의 시간 간격은 다른 사람의 시공간 간격이다. 이렇게 시간과 공간을 교환할 수 있다는 사실을 통해 우리는 예기치 못한 중요한 진실을 알게 된다. 본질적으로 시간과 공간은 동일하다. 동전의 앞면과 뒷면이라고 할 수 있는 것이다.

처음으로 이 사실을 꿰뚫어본 사람이 아인슈타인 이전에 수학 교수로 활약했던 헤르만 민코프스키이다. 사실 그가 아인슈타인보다 이 사실을 훨씬 더 명료하게 이해하고 있었다. 그는 자신의 학생을 아무 짝에도 쓸모없는 '게으른 개'라고 부른 것으로도 유명하다. (다행스럽게도 그는 나중에 앞서 한 말을 취소하고 자신의 잘못을 인정했다.) 민코프스키는 이렇게 말했다. "이제부터는 개별적인 시간과 공간은 그림자로만 머무르고, 둘의 연합만이 살아남을 것이다."

민코프스키는 시간과 공간의 이 독특한 연합을 '시공간'이라고 명명했다. 우리가 빛의 빠르기에 근접한 속도로 여행할 수 있다면 시공간이 존재함을 더 뚜렷하게 인식할 수 있을 것이다. 그러나 우리는 자연계의 아주 느린 흐름에 맞춰 살고 있고, 그 매끄러운 시공간 연속체를 경험하지 못한다. 우리가 흘끗 보는 것이라고는 그 연합의 개별적 시간 국면과 공간 국면뿐이다.

민코프스키의 지적처럼 시간과 공간은 시공간의 그림자이다. 천장에 매달려 있는 막대를 한 번 생각해 보자. 한가운데를 중심으로 회전하면서 나침반의 바늘처럼 어느 방향이라도 가리킬 수 있는 막대기이다. 밝은 빛이 한쪽 벽에 막대의 그림자를 드리우고, 두 번째 광원이 인접한 벽에 또 다른 그림자를 던진다. 한쪽 벽에 드리운 막대 그림자의 크기를 '길이'로, 다른 쪽 벽에 드리운 그림자의 크기를 너비(폭)라고 하자. 그런 막대가 회전하면 어떻게 될까?

각 벽의 그림자 크기가 변할 것이다. 길이가 짧아지면 너비가 커지고, 그 역도 성립한다. 실제로 길이가 너비로 바뀌는 것처럼 보이고, 너비가 길이로 바뀌는 것처럼 보인다. 각각이 동일한 실체의 다른 국면인 것처럼 말이다.

물론 그것들은 동일한 실체의 다른 국면들이다. 길이와 너비는 중요한 게 아니다. 그것들은 우리가 막대를 관찰하기 위해 선택하는 방향의 인위적 산물일 뿐이다. 중요한 것은 막대 그 자체로, 우리는 정말이지 벽에 비친 그림자를 무시하고 방 한가운데 매달려 있는 대상한테 다가가야만 그 실체를 확인할 수 있다.

시간과 공간도 막대의 길이 및 너비와 아주 흡사하다. 시간과 공간은 중요한 게 아니다. 그것들은 우리가 취한 관점──구체적으로 얘기해, 우리가 얼마나 빨리 운동하고 있는가──의 인위적 산물일 뿐이다. 오히려 중요한 것은 시공간이다. 그러나 시공간의 실체는 광속에 근접한 속도로 운동하는 대상의 관점에서만 명백하게 드러난다. 그렇기 때문에 현실을 살아가는 우리가 시공간을 어렵게 느끼는 것이다.

물론 다른 모든 비유처럼 막대-그림자 비유도 유용성에 한계가 있다. 막대의 길이와 너비는 완전한 등가물이지만 시공간의 공간 국면과 시간 국면은 그렇지 않다. 당신이 우주 공간에서 원하는 방향 아무데로나 갈 수 있겠지만 모두가 알고 있는 것처럼 결국에는 한 방향으로만 이동할 수 있는 것이다.

시공간이 확고부동한 실재이고, 공간과 시간은 그림자에 불과하다는 사실은 보편적 핵심을 제기한다. 세상을 이해하기 위해 우리는 불변의 사실들을 필사적으로 탐색하고 있다. 암초에 매달린 채 풍랑이 이는 거친 바다와 싸우는 난파선의 선원들 같은 처지라고나 할까? 그렇게 우리는 거리, 시간, 질량 같은 것들을 확인해 왔다. 그러나 일정 불변하다고 여겼던 것들이 특정한 관점에서만 불변이라는 사실을 우리는 곧 깨닫게 되었다. 세상에 관한 시각을 확장했더니 그 동안 알아채지 못했던 다른 것들이 불변임을 알게 되었다. 공간과 시간이 그랬다. 고속으로 운동하는 대상의 관점에서 세상을 보았더니 시간이나 공간이 아니라 시공간 연속체가 목격되었다.

사실 우리는 이미 오래 전에 시간과 공간이 불가분으로 얽혀 있음을 추론해 냈어야만 했다. 달을 보자. 지금 이 순간 어떻게 보이는가? 그 답은 우리는 결코 알 수 없다이다. 우리가 알 수 있는 것이라고는 달이 1과 4분의 1초 전에 어땠는지일 뿐이다. 1과 4분의 1초는 빛이 달에서 출발해 40만 킬로미터를 날아와 지구에 도달하는 데 걸리는 시간이다. 이제 태양을 보자. 우리는 태양의 현재 상태도 알 수 없다. 8분 30초 전에 어땠는지만을 겨우 아는 것이다. 가장 가까운 항성계인 알파 켄타우루스의 경우는 사정이 훨씬 고약하다. 우리가 관측하는 게 4년 4개월이나 지난 상황임을 염두에 두어야 하는 것이다.

우리가 망원경으로 관측하는 우주를 바로 지금의 이 순간의 존재라고 생각하지만 그게 틀렸다는 게 요점이다. 우리는 바로 이 순간 우주가 어떤 상태인지 알 수 없다. 더 먼 우주로 눈길을 돌릴수록 더 먼 과거를 보게 되는 셈이다. 우리가 우주 공간을 충분히 멀리까지 관측한다면 빅뱅에 근접한 순간, 곧 137억 년 전의 과거를 보게 될 것이다. 시간과 공간은 불가분으로 얽혀 있다. 우리가 "저기 멀리" 있다고 생각하는 우주는 공간이 확장된 것이 아니라 시공간이 확장된 연속체이다.

우리가 시간과 공간을 분리된 개별적 실체로 여기는 것은 사실 농락당한 것이다. 빛이 짧은 거리를 이동하는 데는 시간이 거의 안 걸리고, 우리도 시간 지연을 거의 알아채지 못하기 때문이다. 당신이 누군가와 이야기를 나눈다고 해보자. 당신은 10억 분의 1초 전 과거의 그를 바라본다. 그러나 이 간격은 거의 감지되지 않는데, 인간의 뇌가 인식할 수 있는 사태보다 천만 배나 더 짧기 때문이다. 우리가 주변에서 인식하는 모든 것을 "현" 존재로 믿게 된 정황은 전혀 놀랄 일이 아니다. 그러나 "지금"은 허구적 개념이다. 우리가 더 넓은 우주를 사고하는 순간 이는 명백해진다. 우주는 엄청난 규모이고, 빛이 그 거리를 주파하는 데 수십억 년이 걸리기 때문이다.

우주의 시공간은 광대한 지도로 사유해 볼 수 있다. 빅뱅으로 우주가 탄생한 것에서 지구의 특정 시간과 장소에서 당신이 태어난 것에 이르는 모든 사건과 사태가 펼쳐진 지도로 말이다. 당연히 그 각각은 자신만의 독특한 시공간적 위치를 가진다. 지도 이미지가 적당한 이유는 공간의 이면(裏面)으로서의 시간을 여분의 공간 차원으로 사고할 수 있기 때문이다. 그러나 지도 이미지에는 문제가 있다. 정해진 모든 것을 펼쳐놓으면 과거, 현재, 미래의 개념이 들어설 여지가 전혀 없는 것이다. 그래서 아인슈타인은 이렇게 말했다. "우리 물리학자들에겐 과거와 현재와 미래의 구별이 환상일 뿐이다."

물론 이것은 매우 강력한 환상이다. 그럼에도 불구하고 특수상대성이론에서는 과거와 현재와 미래의 개념들이 아무 의미가 없다. 이 사실은 자연의 실재에 대한 가장 근본적인 통찰 가운데 하나이다. 자연은 과거, 현재, 미래라는 개념을 필요로 하지 않는 것 같다. 우리가 과거, 현재, 미래의 개념을 필요로 하는 이유는 정말이지 풀리지 않는 난제 가운데 하나이다.

E=mc²과 기타 등등

특수상대성이론으로 시간과 공간에 대한 우리의 관념은 근본적으로 바뀌었다. 이게 다가 아니다. 다른 많은 것들에 대한 관념도 바뀌었다. 물리학의 온갖 기본 물리량이 시간과 공간에 기초하고 있기 때문이다. 상대성이론이 우리에게 알려준 대로, 시간과 공간이 가변적이고 빛의 속도에 근접할수록 서로가 뒤섞여 버린다면 운동량과 에너지, 전기장과 자기장 같은 다른 물리량도 사정은 마찬가지다. 시공간 연속체로 융합해 버리는 시간 및 공간처럼 이것들도 빛의 속도를 일정하게 유지해야 한다는 대전제에 묶여 있다.

전기와 자기를 보자. 한 사람의 공간이 다른 사람의 시간인 것처럼 한 사람의 자기장은 다른 사람의 전기장이라는 것이 밝혀졌다. 전기장과 자기장은 전류를 생산하는 발전기와, 전류를 운동으로 전환하는 모터(전동기) 등에서 매우 중요하다. 물리학자 리 페이지는 1940년대에 이렇게 썼다. "전기의 시대를 이끌고 있는 온갖 발전기와 전동기의 회전 전기자(電

機子, armature)들이 들을 수 있는 귀를 가진 모든 이에게 상대성이론의 진실을 끊임없이 설파하고 있다." 우리는 느리게 움직이는 세계에서 살고 있고, 전기장과 자기장이 개별적 실체라고 믿도록 눈속임을 당했다. 그러나 시간과 공간처럼 그것들도 같은 동전의 양면일 뿐이다. 전자기장이라는 매끈한 실체만이 존재한다.

에너지와 운동량도 같은 동전의 양면일 뿐임이 밝혀진 두 개의 물리량이다.* 믿기 힘든 이 연계 속에 상대성이론의 가장 충격적인 비밀이 숨어 있다. 질량이 일종의 에너지라는 명제 말이다. 자연 과학의 모든 공식 가운데 가장 유명하지만 동시에 가장 이해가 부족한 공식에 그 발견 내용이 요약되어 있다. $E=mc^2$.

---

* 물체의 운동량은 대상을 정지시키는 데 얼마만큼의 작용력이 필요한가로 측정된다. 이를 테면, 시속이 몇 킬로미터에 불과한 유조선은 시속 200킬로미터로 달리는 포뮬러 1 경주용 자동차보다 멈춰 세우기가 훨씬 더 어렵다. 이럴 때 우리는 유조선의 운동량이 더 크다고 말한다.

8

$E=mc^2$과 햇빛의 무게

: :

보통 물체에 다이너마이트 100만 개의
파괴력이 담겨 있다는 걸 도대체 어떻게 알아낸 걸까.

광자들이 미사(mass)를 올렸다고?!? 난 그들이 가톨릭인지도 몰랐는 걸.

_ 우디 앨런

상상 가능한 가장 커다란 체중계가 있다. 더구나 이 체중계는 내열성도
좋다. 사실 이 저울은 별의 무게를 잴 수 있을 만큼 크다. 오늘은 이 저울
로 가장 가까이 있는 별의 무게를 잴 참이다. 바로 우리의 태양 되시겠다.
디지털 표시 장치가 멈추고, 확인해 보았더니 2×10^{27}톤을 기록하고 있
다. 2 다음에 0을 27개 써야 하는 수치이다. 하지만 잠깐 기다리시라. 뭔
가가 잘못 되었다. 저울은 아주 정확하다. 크기와 내열성 말고도 뽐낼 만
한 또 다른 특징이 바로 이 저울의 정확도이다! 매초마다 디지털 표시 장
치가 새롭게 바뀐다. 1초 전보다 400만 톤씩 줄어들고 있다! 무슨 일이 벌
어지고 있는 것일까? 설마 태양이 매초가 지날 때마다 점점 더 가벼워지
고 있다는 말인가?

유감스러울지 모르겠으나 이건 사실이다! 태양은 열 에너지를 잃고 있다. 태양 광선의 형태로 열 에너지를 우주 공간에 방사하고 있는 것이다. 실제로 에너지는 무게가 나간다.* 그러므로 태양은 햇빛을 방출할수록 더 가벼워진다. 태양이 아주 크다는 사실을 명심하라. 태양은 매초 전체 질량의 약 1천경 분의 1퍼센트만을 잃고 있을 뿐이다. 태양은 생기고 나서 자체 질량의 0.1퍼센트 정도를 잃었다.

에너지에 무게가 있다는 사실은 혜성의 행태로도 알 수 있다. 혜성의 꼬리는 항상 태양의 반대편을 가리킨다. 풍향계가 폭풍의 반대편을 가리키는 것과 같은 원리이다.** 두 개의 공통점은 무엇일까? 둘 다 강력한 바람에 밀리고 있다. 풍향계의 경우는 공기의 흐름이다. 혜성의 꼬리의 경우 그 주인공이 태양에서 밖으로 뻗어나가는 빛의 바람이다.

수조 개의 공기 분자가 풍향계를 두드린다. 이 무지막지한 분자의 포격 속에서 풍향계가 바람이 불어오는 쪽의 반대 방향을 가리키는 것이다. 우주 공간으로 나가도 사태는 동일하다. 무수한 빛알(광자)들이 혜성의 꼬리를 난타한다. 밝게 빛나는 혜성의 가스 꼬리가 수천만 킬로미터의 허공을 가로지르는 이유는 바로 이 광자들의 기관총 세례이다.***

---

* 나는 여기서 '무게'라는 단어를 일상에서 흔히 쓰는 용법에 따라 질량과 같은 말로 사용하고 있다. 엄격히 말하면, 무게는 '중력'과 동의어다.
** 혜성은 행성간을 여행하는 거대한 눈물치이다. 가장 먼 궤도를 도는 행성 바깥에는 이런 물체 수십억 개가 꽁꽁 언 상태로 궤도를 선회하고 있을 것으로 여겨진다. 어쩌다가 지나가는 별의 중력이 작용해 하나씩 태양을 향하는 셈이다. 그렇게 혜성이 가열되면 표면에 금이 가고 부서지면서 마침내는 진공 속에서 끓어오른다. 길고 밝게 빛나는 가스의 꼬리가 만들어지는 원리이다.
*** 혜성의 꼬리가 밀리는 원인은 이것 말고도 또 있다. 태양에서 나오는 빛 외에 태양풍이 작용하는 것이다. 태양풍은 시속 100만 마일의 속도로 불어 대는 아원자 입자들—대부분이 수소 원자핵임—의 허리케인이다.

그러나 공기 분자에 얻어맞는 풍향계와 광자에게 두들겨맞는 혜성의 꼬리 사이에는 중요한 차이점이 있다. 공기 분자는 단단한 물질 알갱이이다. 그것들은 풍향계라는 구조물에 총알처럼 쿵쿵거리면서 부딪친다. 풍향계가 반동(되튀기)하는 이유는 바로 이 때문이다. 그러나 광자는 단단한 물질이 아니다. 그것들은 질량이 없다. 그런데도 광자가 공기 분자와 유사한 효과를 낼 수 있는 까닭은 무엇일까?

광자가 확실히 가지고 있는 것 하나는 에너지이다. 여름 날 일광욕을 할 때 햇빛이 당신의 피부에 쌓아두는 열을 생각해 보라. 에너지가 무게가 나가야만 한다는 결론을 피할 수가 없게 된다.*

이 결론은 따라잡을 수 없다는 빛의 속성에서 비롯하는 직접적인 결과로 판명되었다. 빛의 속도는 따라잡을 수 없기 때문에, 아무리 세게 민다고 한들 광속으로 가속할 수 있는 물체는 없다. 빛의 속도가 우리 우주에서 무한대 속도의 역할을 한다는 사실을 상기해 보자. 물체를 무한대의 속도로 가속하려면 무한대의 에너지가 필요한 것처럼 물체를 빛의 속도로 밀어붙이려면 무한대의 에너지가 필요하다. 다시 말해서, 광속에 도달하는 것이 불가능한 이유는 우주에 있는 양보다 더 많은 에너지가 필요하기 때문이다.

그런데 당신이 질량을 빛의 속도에 가깝게 가속하면 무슨 일이 일어날까? 광속은 결코 도달할 수 없는 속도이기에 당신이 그 궁극의 속도에 가깝게 물체를 가속하면 할수록 그것은 밀어붙이기가 점점 더 어려워져야 할 것이다.

---

* 엄밀히 말하면, 광자가 가지고 있는 것은 운동량이다. 다시 말해, 광자를 정지시키려면 작용력이 필요하다는 얘기이다. 혜성의 꼬리가 그 작용력을 제공한다.

밀어붙이기 어렵다는 것은 질량이 크다는 말과 같다. 실제로 물체의 질량은 정확히 이런 특성으로 정의된다. 대상을 밀기가 얼마나 힘든가로 말이다. 움직이기 힘든 냉장고는 질량이 큰 반면에 움직이기 쉬운 토스터는 질량이 작다고 말한다. 따라서 다음과 같은 결론이 도출된다. 빛의 속도에 근접할수록 물체를 밀어붙이기가 더 어려워지면 그 대상은 질량이 점점 더 커지는 것이라고 말할 수 있음. 따라서 물체가 빛의 속도에 도달하면 그 대상의 질량은 무한대가 되어야 할 것이다. 이 말은 물체를 빛의 속도로 가속하려면 무한대의 에너지가 필요하다는 얘기를 다르게 한 것일 뿐이다. 당신이 대상을 어떤 식으로 이해하든 불가능하다는 사실에는 변함이 없다.

에너지가 창조하거나 파괴할 수 없으며 다만 변형될 뿐이라는 것은 자연계의 근본 법칙이다. 이를 테면, 전기 에너지는 전구에서 빛 에너지로 전환되고, 소리 에너지는 확성기에서 진동판의 운동 에너지로 바뀐다. 그렇다면 빛의 속도에 가깝게 운동하는 물체를 미는 데 투입되는 에너지는 어떨까? 광속에 근접한 속도로 운동하는 물체는 이미 간발의 차로 궁극의 속도 한계에 못 미쳐 움직이고 있기 때문에 물체의 속도를 증가시키는 데 더 이상의 에너지를 투입할 수 없다.

물체를 더욱 더 세게 밀수록 증가하는 것은 그 질량뿐이다. 그렇다면 모든 에너지가 투입되는 곳은 질량임에 틀림없다. 여기서 에너지는 한 형태에서 다른 형태로 변할 뿐이라는 사실을 상기해 보자. 결국 우리는 피할 수 없는 결론에 도달한다. 아인슈타인이 그 결론을 발견했다. 질량 자체가 일종의 에너지이다! 질량을 가지는 물체 m에 간직되어 있는 에너지를 계산하는 공식이야말로 모든 과학 분야를 통틀어 아마도 가장 유명한 방정식일 것이다. $E=mc^2$. 여기서 c는 과학자들이 약술하는 광속을 가리킨다.

아인슈타인의 특수상대성이론이 제시하는 여러 결론 가운데서 가장 주목할 만한 내용이 바로 에너지와 질량의 관계일 것이다. 시간과 공간의 관계처럼 이 역시 상호적·이원적이다. 질량이 에너지의 한 형태일 뿐만 아니라 에너지가 사실상 질량을 갖는다. 투박하게 얘기하면, 에너지에 무게가 나간다고 할 수 있다.

소리 에너지든 빛 에너지든 전기 에너지든 전부 무게가 나간다. 당신이 어떤 형태의 에너지를 생각해 낸다 해도 이 사실에는 변함이 없다. 당신이 커피포트를 데운다면 거기에 열 에너지를 가하는 것이다. 그런데 열 에너지에는 무게가 있다. 결과적으로 한 잔의 커피는 차가울 때보다 뜨거울 때 무게가 조금 더 나간다. 여기서 중요한 것은 조금이라는 말이다. 그 무게의 차이는 측정하기에는 너무 작다. 사실 에너지에 무게가 있다는 명제를 명쾌하게 파악하기는 힘든 일이다. 아인슈타인 같은 천재나 이 사실을 꿰뚫어 보았다. 그럼에도 불구하고 적어도 한 가지의 형태의 에너지, 곧 햇빛 에너지는 혜성과 상호작용하면서 그 질량성을 드러낸다.

빛이 혜성의 꼬리를 밀 수 있는 이유는 빛 에너지에 무게가 있기 때문이다. 광자들은 그 에너지 덕분에 사실상 질량을 갖는다고 할 수 있다.

익숙한 다른 형태의 에너지로 운동 에너지를 들 수 있다. 당신이 빠르게 질주하는 사이클 경기장에 뛰어든다면 이 사실을 절대로 의심할 수 없게 될 것이다. 다른 모든 에너지 형태처럼 운동 에너지도 무게가 나간다. 그러므로 당신은 걸을 때보다 뛸 때 조금이나마 무게가 더 나간다.

햇빛의 광자들이 혜성의 꼬리를 밀 수 있는 이유를 설명해 주는 것이 바로 운동 에너지이다. 광자에는 사실 질량이 없기 때문에 설명이 필요하다. 요컨대 광자에 질량이 있다면 그것들은 광속으로 운동할 수 없다. 질량을 가진 모든 물체에는 빛의 빠르기가 허용되지 않는다. 그 대신으로 빛이 가지는 게 유효 질량인 셈이다. 운동 에너지를 가진다는 사실에서 발생하는 질량을 유효 질량이라고 할 수 있겠다.

운동 에너지는 한 잔의 커피가 차가울 때보다 뜨거울 때 더 무거운 이유도 설명해 준다. 열은 미시 운동이다. 액체나 고체 내부의 원자들은 제자리에서 진동한다. 반면 기체의 원자들은 여기저기 사방팔방으로 날아다닌다. 뜨거운 커피잔 속의 원자들은 아주 찬 커피잔의 원자들보다 더 빨리 운동하고, 결국 더 많은 운동 에너지를 갖는다. 뜨거운 커피가 더 무거운 이유이다.

모자에서 토끼 꺼내기

에너지에는 상응하는 질량이 있고, 그래서 무게가 나간다는 이야기는 이쯤 해두자. 질량이 일종의 에너지라는 사실에는 중요한 함의가 있다. 한 에너지가 다른 에너지로 전환될 수 있으므로 질량-에너지도 다른 형태의 에너지로 변환될 수 있고, 거꾸로 다른 형태의 에너지 역시 질량-에너지로 바뀔 수 있다.

후자의 과정을 생각해 보자. 다른 형태의 에너지에서 질량-에너지를 만들 수 있다면 다음과 같은 결론이 나온다. 그러니까, 질량이 없었던 곳에서 질량이 생성될 수 있다는 얘기이다. 대형 입자가속기, 곧 원자 분쇄기에서 정확히 이런 일이 일어나고 있다. 스위스의 제네바 근처에 CERN이라고 줄여서 부르는 유럽 입자물리학 센터가 있다. 여기서 원자의 구성 요소인 아원자 입자들을 광속에 근접하는 속도로 회전시키다가 충돌케 한다. CERN의 실험 장치는 지하에 설치된 경마장 같다고 할 수 있다. 격렬한 충돌 속에서 입자들의 엄청난 운동 에너지가 질량-에너지로 전환된다. 물리학자들은 새롭게 탄생한 입자들의 질량을 연구하는 데 혈안이 되어 있다. 충돌의 순간을 살펴보면 이들 입자는 분명 무에서 탄생한다. 마치 모자에서 토끼를 꺼내는 마술 같다고나 할까.

이 현상은 한 종류의 에너지가 질량-에너지로 바뀌는 것을 입증해 주는 사례이다. 그렇다면 질량-에너지가 다른 종류의 에너지로 전환되는 현상은 어떤가? 그런 일이 가능할까? 답은 예스이다.

다이너마이트 100만 배 파괴력

연소 중인 석탄 한 덩이를 생각해 보자. 내뿜는 열에 무게가 있기 때문에 석탄은 점점 질량을 잃게 된다. 연소 과정의 산물을 전부─재, 방출된 기체 등등─ 모아서 무게를 잴 수 있다면 그 총 무게는 원래의 석탄 덩어리보다 더 가볍다.

석탄이 연소하면서 열-에너지로 바뀐 질량-에너지의 양은 너무 작아서 측정할 수가 없다. 그럼에도 불구하고 자연계에는 상당한 크기의 질량이 다른 형태의 에너지로 전환되는 곳이 있다. 영국의 물리학자 프랜시스 애스턴이 1919년 원자의 '무게를 재다'가 그곳을 확인했다.

자연계에 존재하는 92종류의 원자에는 뚜렷이 구분되는 두 부류의 아원자 입자, 곧 양성자와 중성자로 구성된 원자핵이 들어 있다.* 두 핵자의 질량은 기본적으로 같다. 따라서 적어도 무게에 관한 한 원자핵은 단일한 구성 요소로 조립되었다고 생각해 볼 수 있다. 원자핵을 레고 블록이라고

---

* 물론 가장 흔한 수소 동위원소를 제외해야 한다. 수소 동위원소의 원자핵은 양성자 한 개만으로 구성된다. 중성자는 없다.

하면, 가장 가벼운 원자핵인 수소는 레고 블록 하나로, 가장 무거운 원자핵인 우라늄은 레고 블록 238개로 만들어졌다.

과학자들은 19세기 초부터 우주가 어쩌면 단 한 종류의 원자, 곧 가장 단순한 형태의 수소에서 출발했을 것 같다는 생각을 해오고 있었다. 그때 이후로 다른 모든 원자는 수소를 재료로 구축되었다. 수소라는 레고 블록을 이어붙이고 조립하는 과정을 다양하게 상상한 것이다. 윌리엄 프라우트라는 런던의 한 내과의사가 1815년에 이 방법을 제안했다. 리튬 원자의 무게는 수소 원자의 정확히 6배이고, 탄소 원자의 무게는 정확히 12배라는 사실 등이 근거로 제시되었다.

그런데 애스턴이 놀라운 사실을 발견하고 말았다. 그는 여러 원자들의 질량을 더 정확히 비교해 보기 위해, 직접 질량 분석기라는 도구를 만들었다. 뭔가가 달랐다. 리튬은 수소 원자 여섯 개보다 무게가 조금 덜 나갔다. 탄소도 수소 원자 열두 개보다 무게가 조금 덜 나갔다. 두 번째로 가벼운 원자인 헬륨의 경우는 그 차이가 가장 컸다. 헬륨 원자핵은 레고 블록 네 개로 조립되기 때문에 원리상 그 무게가 수소 원자의 네 배여야 했다. 그런데 수소 원자 네 개를 합한 것보다 무게가 0.8퍼센트 모자랐다. 1킬로그램짜리 설탕 봉지 네 개를 저울에 올리고 달았더니 4킬로그램에서 거의 1퍼센트가 빠지는 무게가 나온 상황인 것이다!

모든 원자가 프라우트가 강력히 시사한 대로 정말 수소 원자라는 레고 블록으로 조립되었다면, 애스턴의 발견은 원자 조립과 관련해 주목할 만한 사실을 드러낸 셈이었다. 원자 조립 과정에서 상당량의 질량-에너지가 무단으로 외출해 버렸으니 말이다.

질량-에너지도 다른 온갖 형태의 에너지처럼 파괴할 수 없다. 질량-에너지는 한 형태에서 다른 형태로 바뀔 따름이며, 그중 가장 낮은 형태의 에너지는 열-에너지이다. 수소 1킬로그램이 헬륨 1킬로그램으로 전환되면 질량-에너지 8그램이 열-에너지로 바뀐다. 놀랍게도 이 에너지 양은 석탄 1킬로그램을 태워서 얻을 수 있는 에너지보다 100만 배 더 크다.

천문학자들은 이 백만이라는 인수를 간과하지 않았다. 사람들은 태양은 어떻게 수천 년 동안 계속해서 타오르는지 궁금해 했다. 기원전 5세기경에 그리스의 철학자 아낙사고라스는 태양이 "벌겋게 달아오른, 그리스만 한 쇠구슬"이라고 상상했다. 세월이 흘러 19세기에 접어들었다. 석탄의 시대였으므로 물리학자들은 태양이 거대한 석탄 덩어리가 아닐까 하고 생각했다. 자연스런 발상이다. 태양이 지구상 모든 석탄의 어머니여야만 했다! 하지만 그들은 태양이 석탄 덩어리라면 고작 5천 년이면 다 타서 없어져버린다는 사실을 이내 깨달았다. 지질학 및 생물학 상의 증거로 볼 때, 지구가 — 아울러 태양도 — 적어도 그보다 100만 배는 더 오래되었다는 것도 골칫거리였다. 태양이 석탄보다 100만 배 더 응축된 에너지원에 의존하고 있다는 게 불가피한 결론이었다.

영국의 천문학자 아서 에딩턴이 여러 가지 자료에 입각해 결론을 내렸다. 그는 원자 에너지, 곧 핵 에너지가 태양의 동력원이라고 추정했다. 태양은 내부 깊숙한 곳에서 가장 가벼운 원소의 원자들인 수소를 결합해 두 번째로 가벼운 원자인 헬륨을 만들어내고 있었다. 이 과정에서 질량-에너지가 열과 빛 에너지로 전환된다. 태양의 거대한 출력을 유지하려면 매초 400만 톤의 질량을 파괴해야 한다. 이것은 코끼리 백만 마리에 상당하는 무게이다. 햇빛의 궁극적 원천이 바로 이것이었던 것이다.

이상의 논의는 가벼운 원자로 무거운 원자를 만드는 과정에서 아주 많은 질량-에너지가 다른 형태의 에너지로 전환되는 문제를 아주 간단하게 설명해 본 것이다. 여담이 도움이 될지도 모르겠다.

당신이 어떤 주택 옆을 지나가는데 지붕에서 기와가 떨어져 머리를 맞았다고 해보자. 이 과정에서 에너지가 방출된다. 이를 테면, 기와가 당신 머리에 부딪치면서 퍽 하는 소리가 난다. 소리 에너지. 기와가 당신을 쓰러뜨릴 수도 있다. 그렇다면 열 에너지이다. 기와와 당신 머리의 온도를 정확하게 측정할 수 있다면 두 대상이 이전보다 약간 더 따뜻해졌을 것이다.

이 모든 에너지는 어디에서 온 것일까? 정답은 중력이다. 중력은 질량을 지닌 두 물체가 서로 당기는 힘이다. 이 경우라면 지구와 기와의 중력이 서로를 끌어당긴 셈이다.

중력이 현재보다 두 배 더 강해지면 어떻게 될까? 기와가 더 빨리 지구로 당겨지리라는 것은 분명하다. 부딪치면 더 큰 소리가 발생하고, 더 많은 열이 날 것이다. 간단히 말해 더 많은 에너지가 방출되는 셈이다. 중력이 10배 더 강해지면 어떻게 될까? 훨씬 더 많은 에너지가 방출된다. 중력이 어마어마하게 강해지면? 기와가 추락하면서 상상을 초월할 정도로 엄청난 양의 에너지가 방출되리라는 것은 분명하다(그리고, 지구와 기와의 결합이 헬륨 원자처럼 더 가벼울 수도 있을 것이다).

하지만 이런 사고 실험은 망상에 불과한 게 아닐까? 중력보다 10^{37}배 더 강한 힘이 도대체 있기는 한 걸까? 있다. 그냥 있는 정도가 아니라 지금 이 순간도 우리 모두의 각자 내부에서 그 힘이 작용하고 있다! 우리는 그 힘을 핵력이라고 부른다. 원자핵들을 단단히 결합해 주는 접착제가 바로 핵력이다.

당신이 두 개의 가벼운 원자 핵을 핵력의 마당에서 충돌시키면 무슨 일이 벌어질까? 기와와 지구가 중력장 아래서 낙하 합체하는 상황을 떠올려보라. 그 충돌은 매우 격렬할 테고, 엄청난 양의 에너지가 해방된다. 동일한 무게의 석탄이 연소할 때 나오는 에너지보다 100만 배 더 많은 양이다.

원자 조립은 태양의 에너지원일 뿐만 아니라 수소 폭탄의 에너지원이기도 하다. 수소 폭탄이 하는 일이라곤 수소 원자핵들(통상은 무거운 수소를 사용하는데, 이는 다른 이야기이므로 넘어가자)을 충돌 융합시켜 헬륨 원자핵을 만드는 것뿐이다. 헬륨 원자핵들은 재료로 쓰인 수소들의 무게를 합한 것보다 더 가볍다. 실종된 질량은 핵 불덩어리의 거대한 열 에너지로 등장한다. 1메가톤급 수소 폭탄의 파괴력—히로시마를 황폐화한 원자탄보다 약 50배 더 큰 위력—은 불과 1킬로그램 정도의 질량을 파괴하면 얻을 수 있다. 아인슈타인은 핵폭탄 개발에서 자신의 역할을 회고하면서 이렇게 말했다. "그 사실을 알았더라면 차라리 시계수리공이 되었을 텐데!"

완벽하게 에너지로 변환되는 질량

아인슈타인이 질량은 고유한 무엇이 아니라 다른 무수한 에너지 형태 가운데 하나일 뿐이라고 증명했음에도 불구하고, 질량은 한 가지 면에서 여전히 특별하다. 알려진 것 가운데서 가장 응축된 에너지 형태가 바로 질량인 것이다. 사실 $E=mc^2$이라는 방정식에 그 사실이 요약되어 있다. 물리학자들이 빛의 속도를 표시하는 c는 큰 값이다. 빛은 1초에 3억 미터를 주파한다. 이 값을 제곱하면 훨씬 더 큰 수를 얻게 된다. 1킬로그램의 물체에 이 공식을 적용해 보면 거기에 9×10^{16}줄의 에너지가 담겨 있음을 알 수 있다. 전 세계 인구를 우주 공간으로 실어보낼 수 있을 만큼 커다란 양이다!

물론 1킬로그램의 물체에서 이만큼의 에너지를 얻으려면 해당 물체를 다른 형태의 에너지로 완전히 전환해야 한다. 다시 말해, 그 질량 전부를 파괴해야 한다는 얘기이다. 태양과 수소 폭탄에서 이루어지는 핵 융합 과정은 물체에 갇혀 있는 에너지의 불과 1퍼센트만을 해방시킨다. 그러나 자연은 이보다 훨씬 더 잘 할 수 있다.

블랙홀은 중력이 아주 강해서 빛도 탈출할 수 없는 우주 공간의 구역이다. 블랙홀이 검은 이유는 이 때문이다. 육중한 별이 죽으면서 남는 잔존물이 블랙홀이다. 육중한 별이 어떻게 죽는다는 얘기일까? 문자 그대로 소멸할 때까지 그 크기가 파국적으로 수축한다. 물질이 소용돌이치며 블랙홀로 빨려든다. 욕조나 개수대의 구멍으로 빠지는 물을 상기해 보라. 이 과정에서 물질들이 서로 마찰한다. 열이 나고, 고온 발광이 시작된다. 에너지가 빛과 열의 형태 모두로 방출된다. 블랙홀이 가능한 최대 속도로 회전하는 특별한 경우에 해방되는 에너지는 소용돌이치며 빨려 들어가는 물체 질량의 43퍼센트에 육박한다. 이 말은 블랙홀의 유입 물체가 태양이나 수소 폭탄의 핵 융합 과정보다 에너지 산출 효율이 43배 더 크다는 얘기이다.

이 진술은 단순한 이론에 그치지 않는다. 우주에는 퀘이사라는 물체가 있다. 신생 은하의 매우 밝은 중심부를 퀘이사라고 한다. 우리 은하도 100억 년 전의 불안정한 청년기 때 그 중심부에 퀘이사가 있었을지 모른다. 퀘이사가 보통 은하 100개에 상당하는 빛 에너지─태양의 개수로 환산하면 10조 개─를 방출하는 일이 잦고, 그런 현상이 우리의 태양계보다 더 작은 구역에서 관측된다는 사실이 퀘이사의 골칫거리이다. 그 모든 에너지가 별에서 나올 수는 없다. 태양 10조 개를 그렇게 작은 부피로 짜부라뜨리는 것은 불가능하다. 그 모든 에너지는 물질을 빨아들이는 거대 블랙홀에서만 나올 수 있다. 그래서인지, 퀘이사에 '초대형' 블랙홀들이 있다는 천문학자들의 믿음은 확고하다. 그들은 태양 질량의 30억 배에 달하는 블랙홀들이 끊임없이 별들을 먹어치우고 있다고 생각한다. 그러나 블랙홀도 물체 질량의 절반 정도만을 다른 형태의 에너지로 바꿀 수 있다. 질량 전부를 에너지로 바꿀 수 있는 과정이 존재할까? 그 대답은 예스이다. 물질은 사실 두 종류가 있다. 물질과 반물질이 그것들이다. 반물질과 관련해서는 딱 한 가지 사실만을 알아두도록 하자. 물질과 반물질이 만나면 둘은 파괴된다. 서로가 서로를 소멸시킨다. 이 과정에서 두 물질의 질량-에너지가 섬광과 함께 순식간에 다른 형태의 에너지로 전환된다.

우리 우주는 거의 대부분이 물질로 이루어진 것 같다. 물론 그 이유를 아는 사람은 아무도 없다. 이것이 난제인 이유는 다음과 같다. 실험실에서 소량의 반물질을 만들어보면 그 과정에서 항상 동일량의 물질이 탄생한다. 알 수 없는 노릇이다. 기본적으로 우리 우주에 반물질이 존재하지 않기 때문에 원하면 만드는 수밖에 없다. 생산할 수는 있지만 어려운 일이다. 많은 에너지를 투입해야 하는 것은 물론이고, 일단 만든다 해도 보통 물질과 만나는 순간 소멸해 버리기 때문에 많은 양을 보관하는 게 어렵다. 지금까지 과학자들은 10억 분의 1그램 미만을 모으는 데 그쳤다.

그럼에도 불구하고 반물질을 생산할 수만 있으면 우리는 상상할 수 있는 가장 강력한 에너지원을 확보하게 된다. 지금까지 개발된 모든 우주선은 연료를 싣는 문제로 골머리를 앓는다. 그 연료가 너무 무겁다는 게 문제다. 그래서 연료를 우주 공간에 실어보내기 위해 또 연료가 필요한 묘한 상황이다. 예를 들어, 새턴 5호 로켓은 무게가 3,000톤이다. 우주인 두 명을 달 표면으로 데려갔다가 안전하게 지구로 귀환시키는 데 필요한 중량인데, 사실 이 가운데 대부분이 연료의 무게였다. 반물질이라면 뾰족한 수가 생긴다. 우주선에 필요한 동력도 극소량의 반물질이면 충분하다. 비율로 볼 때 반물질에는 엄청난 양의 에너지가 담겨 있기 때문이다. 우리 인류가 항성간 여행을 하게 되는 날이 온다면 물체에서 마지막 한 방울까지 에너지를 짜내야만 할 것이다. 「스타트렉」에서처럼 우리는 반물질로 동력을 얻는 우주선을 건조해야만 할 테다.

9

중력 실종 사건

::

우리가 중력의 진실을 바탕으로
블랙홀, 웜홀, 타임머신과 대면하게 된 까닭.

어느날 갑자기 돌파구가 열렸다. 나는 베른에 있는 특허청 사무소의 내 의자에 앉아 있었다. 그 생각은 불현듯 떠올랐다. 자유 낙하하는 사람은 자신의 무게를 느끼지 못한다는 사실 말이다. 나는 몹시 당황했다. 이 간단한 사고 실험에 나는 큰 충격을 받았다. 이 사실을 바탕으로 나는 중력 이론을 전개했다.

_ 알베르트 아인슈타인

그녀들은 스무 살의 쌍둥이 자매이다. 그녀들은 맨해튼의 같은 고층 빌딩에서 근무한다. 한 명은 1층 부티크의 점원이고, 다른 한 명은 52층 하이 루스트(High Roost) 레스토랑에서 일한다. 오전 8시 30분. 그녀들은 회전문을 통과해 로비를 지나 각자의 일터로 향한다. 한 사람은 대리석 바닥을 가로질러 1층의 쇼핑몰로 들어간다. 다른 사람은 문이 닫히기 직전의 고속 엘리베이터에 뛰어든다.

엘리베이터 위의 시계 바늘이 돌아간다. 오후 5시 30분. 1층에서 근무하는 쌍둥이 점원이 층수가 떨어지는 빨강색 지시등을 쳐다본다. '딩동' 소리와 함께 승강기 문이 열리고, 급사로 일하는 자매가 나온다. ……

85세의 구부정한 노인네가 보행 보조기를 붙잡고 있는 게 아닌가!

이 시나리오가 말도 안 된다고 생각한다면 재고해 주기 바란다. 과장을 좀 하긴 했지만 그래도 진실을 부풀렸을 뿐이다. 사람은 건물의 꼭대기 층에서보다 지상 층에서 나이를 덜 먹는다. 이것은 아인슈타인의 '일반' 상대성이론이 야기하는 결과이다. 그는 자신이 제창한 특수상대성이론의 결점을 보완하기 위해 1915년 일반상대성이론을 제안했다.

특수상대성이론의 문제점은 그것이 특수하다는 데 있다. 특수상대성이론은, 한 사람이 서로에 대해 등속으로 운동하는 다른 사람을 볼 때 무엇을 보게 되는지 설명한다. 운동하는 사람이 그들의 운동 방향으로 수축하는 것처럼 보이는 반면 시간은 느려진다는 점을 알려주는 이론이다. 실제로 그 효과는 대상들이 광속에 근접할수록 더욱 현저해진다. 그러나 등속 운동은 아주 특수한 사례이다. 물체는 일반적으로 시간의 경과에 따라 속도를 바꾼다. 예를 들어, 자동차가 교차로를 벗어나 가속하거나 NASA의 우주 왕복선이 지구 대기권에 재진입하면서 속도를 줄이는 상황을 떠올려 보라.

그래서 아인슈타인은 1905년 특수상대성이론을 발표한 후 다음과 같은 질문에 답하는 과제에 착수했다. 한 사람은 서로에 대해 가속 운동을 하는 다른 사람을 볼 때 무엇을 보게 될까? 그가 그 답을 얻는 데 10년이 넘게 걸렸다. 아인슈타인의 '일반' 상대성이론은 아마도 한 명의 개인이 전체 과학계에 기여한 가장 커다란 공헌일 것이다.

아인슈타인은 이 물음을 해결하는 연구에 착수했을 때 한 가지 문제 때문에 특히 골치를 썩였다. 뉴턴의 중력 이론을 어떻게 해야 하나? 거의 250년 동안이나 아무런 문제도 없었지만 아인슈타인이 보기에, 뉴턴의 중력 이론이 특수상대성이론과 양립할 수 없다는 것은 분명했다. 뉴턴에 따르면 모든 물체는 중력으로 다른 모든 물체를 당긴다. 이를 테면, 우리 개개인과 지구 사이에는 중력이 존재한다. 우리의 두 발이 지면에 확고히 달라붙어 있을 수 있는 이유가 바로 이 중력 작용 때문이다. 지구와 태양 사이에도 중력이 작용한다. 그래서 지구가 태양 주위의 궤도를 도는 것이다. 아인슈타인은 이런 생각에 반대하지 않았다. 그는 중력의 속도 때문에 골치를 썩였던 것이다.

뉴턴은 중력이 동시적으로 작용한다고 생각했다. 무슨 말인고 하니, 태양의 중력이 우주 공간을 가로질러 지구에 도달하고, 지구가 그 중력의 당김 효과를 감지하는 데 단 한 순간의 지체도 없다는 것이다. 태양이 지금 이 순간 사라지면—물론 가능성이 없는 시나리오다!— 지구가 그 즉시로 태양의 중력 증발을 감지하고 성간(interstellar, 星間) 공간으로 날아가 버린다는 얘기다.

태양과 지구 사이의 간격을 순식간에 횡단할 수 있는 영향력이라면 틀림없이 매우 빠른 속도로 운동할 것이다. 순간 이동과 무한대의 속도는 완전 동의어다. 그러나 아인슈타인이 알아냈듯이 빛보다 더 빨리 이동할 수 있는 것은 없다. 물론 중력도 여기서 예외가 아니다. 빛이 지구와 태양 사이를 이동하는 데 8분이 조금 넘게 걸리기 때문에 다음과 같은 결론이 나온다. 갑자기 태양이 사라져도 지구가 적어도 8분 동안은 즐겁게 궤도를 돌다가 항성들 사이로 날아가 버릴 것이라고.

중력이 무한대의 속도로 우주 공간에 전파될 수 있다는 뉴턴의 암묵적 가정은 그의 이론이 가진 중대한 결함이다. 뉴턴 이론의 결함은 이것 말고도 또 있다. 뉴턴은 중력이 질량에 의해 발생한다고도 가정했다. 그러나 아인슈타인은 온갖 종류의 에너지가 사실상 질량을 갖는다고, 다시 말해 무게가 나간다는 사실을 알아냈다. 그렇다면 온갖 형태의 에너지—질량-에너지뿐만 아니라—가 틀림없이 중력원(原)일 터였다.

결국 아인슈타인은 특수상대성이론의 개념들을 새로운 중력 이론 속에 짜 넣으면서, 동시에 특수상대성이론을 일반화해 가속도 운동 중인 사람에게 세계가 어떻게 비칠지를 설명해야 하는 도전 과제에 직면했던 것이다. 아인슈타인은 실로 엄청난 이 과제를 심사숙고했고, 마침내 그의 머리에서 불이 켜졌다. 그는 두 개의 과제가 사실은 하나이며 동일한 문제임을 깨닫고, 깜짝 놀랐다. 분명 그는 그때 환희를 맛보았으리라.

기묘한 중력

둘 사이의 연관 관계를 파악하려면 중력의 별난 특성을 제대로 알아야 한다. 모든 물체는 질량에 상관없이 동일한 속도로 낙하한다. 예를 들어, 땅콩의 낙하 속도는 사람의 낙하 속도와 같다. 이런 작용 및 반응 양상을 최초로 알아낸 사람이 17세기 이탈리아의 과학자 갈릴레오였다. 갈릴레오가 피사의 사탑 꼭대기에 올라가서 무거운 물체와 가벼운 물체를 동시에 떨어뜨리는 실험을 했다고도 전해진다. 두 물체가 동시에 지면에 닿았고, 그는 사실을 입증해 보였다.

지구에서 그 효과가 분명치 않은 이유는 표면적이 넓은 물체의 경우 공기 저항 때문에 속도가 느려지는 일이 벌어지기 때문이다. 갈릴레오의

이 실험이 공기 저항이 전혀 존재하지 않는 곳에서 마침내 수행되었다. 그 무대는 바로 달이었다. 1972년 아폴로 15호 사령관 데이브 스콧이 망치와 깃털을 동시에 떨어뜨렸다. 진짜로 두 물체가 정확히 같은 시간에 달 표면에 닿았다.

물체가 힘에 반응하여 운동하는 방식이 일반적으로 해당 물체의 질량에 좌우되는 것을 고려할 때 이 현상은 참으로 기묘하다. 아이스링크에 목재 걸상과 냉장고가 있다고 해보자. 아이스링크는 사태를 골치 아프게 하는 마찰이 전혀 없는 곳이라고 하자. 이제 누군가가 냉장고와 걸상을 정확히 같은 힘으로 민다면 냉장고보다 덜 무거운 걸상이 분명 더 쉽게 움직이고, 더 빨리 가속될 것이다.

그런데 중력이 걸상과 냉장고에 작용하면 어떻게 될까? 이를 테면, 누군가가 10층 건물 옥상에서 두 물체를 떨어뜨리면? 이 경우에는 갈릴레오가 예측한 것처럼 걸상이 냉장고보다 더 빨리 가속되지 않는다. 질량 차이가 크게 남에도 불구하고 걸상과 냉장고는 정확히 동일한 속도로 지면에 닿는다.

아마도 당신은 이제 중력의 기이한 특성을 파악했을 것이다. 큰 질량에는 작은 질량보다 더 큰 중력이 작용한다. 요컨대 중력은 질량에 비례한다. 그래서 큰 질량은 작은 질량과 정확히 동일한 비율로 가속된다. 그런데 중력은 작용하는 대상 질량에 어떻게 조정되는 것일까? 중력이 믿을 수 없을 정도로 간단하고 자연스런 방법으로 그 일을 한다는 것을 알아내기 위해서는 아인슈타인의 천재성이 동원되어야 했다. 더구나 그 간단한 방법에는 중력에 대한 우리의 사고 방식을 일신할 심오함이 담겨 있었다.

중력과 가속도는 같은 것

우주비행사가 9.8m/s²의 가속도로 상승 중인 방에 있다고 해보자. 9.8m/s²은 중력이 지구 표면에서 낙하하는 물체들에 부여하는 가속도 값이다. 그 방을, 로켓 엔진이 가동하기 시작한 우주선의 조종실이라고 해보자. 이제 우주비행사가 실험에 나선다. 우주비행사가 망치와 깃털을 가져와, 정확히 같은 높이에서 두 물체를 동시에 떨어뜨린다. 무슨 일이 일어날까? 망치와 깃털은 물론 선실 바닥에 닿을 것이다. 하지만 이 사건을 해석하는 방식은 전적으로 관측자의 위치에 따라 결정된다.

우주선이 행성처럼 커다란 질량에서 비롯하는 중력으로부터 멀리 떨어져 있다고 가정하면 망치와 깃털은 무게가 나가지 않을 것이다. 따라서 우리가 X선 투시기 같은 것으로 바깥에서 우주선 내부를 들여다보면 두 물체가 움직이지 않는 것을 보게 된다. 그러나 우주선이 위쪽으로 가속 중이기 때문에 우리는 선실의 바닥이 상승해 망치와 깃털에 닿는 것을 보게 된다. 게다가 선실 바닥은 두 물체와 동시에 부딪친다.

우주비행사가 기억 상실증 환자라서 자기가 우주선에 머물고 있다는 것을 송두리째 잊어버렸다고 하자. 더구나 창이 온통 검게 칠해져서 자기가 어디 있는지 파악할 수 있는 단서도 전혀 없다. 우주비행사가 자기가 보는 것을 어떻게 해석할까?

우주비행사는 망치와 깃털이 중력에 의해 떨어졌다고 주장할 것이다. 요컨대 두 물체가 중력이 작용하는 가운데 할 법한 일을 했다는 것이다. 우주비행사가 보기에 두 물체는 동일한 속도로 낙하해, 정확히 같은 시간에 지면에 닿았다(공기 저항은 무시하기로 하자). 이제 우주비행사는 발이 바닥에 꼭 달라붙어 있는 것처럼 보인다는 사실에 입각해 자신이 관찰한 결과를 야기한 게 중력이라고 확신한다. 우주비행사가 지표면에 설치된 방에 있을 경우 두 발이 정확히 그럴 것이다. 실제로 우주비행사는 경험하는 모든 사태를 우주비행사가 지구상에 있을 때 경험하는 사태와 구분하는 게 불가능하다는 게 밝혀졌다.

물론 그게 우연의 일치일 수도 있을 것이다. 그러나 아인슈타인은 자신이 자연의 심오한 진실과 마주했음을 직감했다. 정말이지 중력은 가속도와 구분이 되지 않는다. 그 이유를 이보다 더 간단하게 설명할 수 없다. 중력은 가속도인 것이다! 아인슈타인은 이 깨달음의 순간을 "내 인생에서 가장 행복했던 시간"이라고 술회했다. 그는 중력 이론 탐구와 가속 운동을 기술하는 이론 모색이 동일한 하나의 과제임을 확신하게 됐다.

아인슈타인은 중력과 가속도의 구별할 수 없음을 물리학의 일반 원리로 격상했다. 그는 이 구별 불가능성을 등가원리라고 명명했다. 등가원리에 따르면 중력은 다른 힘들과 다르다. 중력은 사실 힘이라고 할 수도 없다. 우리 모두가 밀폐된 우주선의 건망증 우주비행사와 같은 처지이다. 우리는 우리의 환경이 가속 중임을 몰랐고, 따라서 강이 아래로 흐르고, 사과가 나무에서 떨어진다는 사실을 해명하기 위해 뭔가 다른 방법을 찾아야만 했다. 방법은 딱 하나, 허구의 힘인 중력을 창조해 내는 것이었다.

중력이 존재하지 않는다니!

중력이 가공의 힘이라는 생각은 왠지 억지처럼 들린다. 그러나 다른 일상의 상황을 떠올려보라. 우리는 우리한테 일어나는 일의 의미를 취하기 위해 여러 가지 힘들을 만들어 내면서 매우 행복해 한다. 아주 급한 커브길을 빨리 달리는 자동차를 운전 중이라고 해보자. 당신은 바깥으로 튕겨나가는 것처럼 느낀다. 이제 당신은 그 이유를 설명하기 위해 힘을 만들어

낸다. 원심력 말이다. 그러나 실제 상황을 잘 살펴보면 그런 힘은 결코 존재하지 않는다.

질량을 가진 모든 물체는 일단 운동을 시작하면 등속 직선 운동을 지속하려는 경향이 있다.* 관성이라고 하는 이런 특성 때문에 자동차 안에서 제어되지 않은 물체들—당신과 같은 승객을 포함해서—은 자동차가 커브를 돌기 전에 진행하던 방향으로 계속 운동하려고 하는 것이다. 그러나 자동차 출입문이 따르는 경로는 커브이다. 그러므로 당신이 자동차 문짝과 부딪치는 현상은 전혀 놀라운 일이 못 된다. 요컨대 자동차 출입문은, 가속하는 우주선 바닥이 상승해서 망치와 깃털과 만난 것처럼 당신과 닿았을 뿐이다.** 힘은 아예 없었다.

원심력은 사실 관성력이다. 우리는 사태의 진실을 무시하기로 작정하고, 우리의 운동을 설명하기 위해 원심력이란 말을 만들어 냈다. 그렇다면 사태의 진실은 무엇인가? 우리의 환경이 우리와 관련해 움직이고 있다는 것이다. 정말이지 우리의 운동은 관성의 결과일 뿐이다. 직선 방향으로 운동 상태를 유지하려는 자연스런 경향 말이다. 중력도 관성력임을 깨달은 것은 아인슈타인의 위대한 통찰이었다. 아인슈타인은 물었다. "중력과 관성이 동일한가? 나는 이 질문을 바탕으로 새로운 중력 이론을 구축할 수 있었다."

아인슈타인에 따르면, 우리는 사과가 나무에서 떨어지고 행성이 태

---

* 지구상에서는 이 사실을 단박에 알 수 없는데, 마찰력이 작용해 물체의 운동 속도를 늦추기 때문이다. 그러나 텅 빈 우주 공간에서는 그 효과를 뚜렷이 확인할 수 있다..
** 가속도가 속도 변화를 의미할 뿐만 아니라 방향의 변화를 의미하기도 한다는 점을 지적해 두어야 할 것이다. 그러므로 커브를 도는 자동차는 비록 등속 운동을 하고 있다 해도 가속도 운동 중이다.

양 주위를 도는 운동을 해명하기 위해 사태의 진실—우리의 환경이 우리에 대해 가속도 운동을 하고 있다는 진실—을 외면하고 중력을 날조했다. 실제로 보면 모든 대상은 관성의 결과로 움직일 뿐이다. 중력은 존재하지 않는다!

그러나, 잠깐만! 우리가 중력 탓으로 돌린 운동이 관성의 결과일 뿐이라면 지구 같은 물체도 실은 우주 공간에서 등속 직선 운동을 하고 있어야만 한다. 이건 터무니없는 소리이다! 지구가 태양 주위를 돌고 있는데, 어떻게 직선 운동을 해? 그러나 꼭 그런 것은 아니다. 모든 사태는 여러분이 직선을 정의하는 방식에 달려 있다.

중력은 휘어진 공간

직선은 두 지점 사이의 최단 경로이다. 이 말은 평평한 종이 위에서는 틀림없는 사실이다. 그렇다면 구부러진 표면 위에서는 어떨까? 이를 테면, 지구의 표면 말이다. 런던과 뉴욕 사이를 최단 경로로 나는 비행기를 생각해 보자. 그 비행기는 어떤 경로를 취할까? 우주 공간에서 내려다보는 사람에게는 사태가 명백하다. 당연히 구부러진 경로일 것이다. 기복이 잦은 지형에서 걸어서 이동하는 여행자를 생각해 보자. 그 사람은 어떤 경로를 취할까? 아주 높은 곳에서 도보 여행자를 내려다보는 사람에게는 대상의 이동 경로가 구불구불한 형태로 보일 것이다.

그러므로 흔히 예상할 수 있는 것과는 달리 두 지점 사이의 최단 경로가 항상 직선인 것은 아니다. 사실을 말하자면 아주 특수한 종류의 표면에서만 두 지점 사이의 최단 경로가 직선인 셈이다. 특수한 종류의 표면이란 평평한 표면을 가리킨다. 지구처럼 구부러진 표면에서는 두 지점 사이의 최단 경로가 언제나 곡선이다. 수학자들은 이 점을 고려해 구부러진 표면을 포괄하는 직선 개념을 종합했다. 그들은 평평한 표면뿐만 아니라 그 어떤 표면에서도 적용할 수 있는 두 지점 사이의 최단 경로를 측지선이라고 정의한다.

이 모든 내용이 중력과 어떤 관계를 맺는 것일까? 둘을 연결해 주는 게 빛이라는 사실이 밝혀졌다. 항상 두 지점 사이의 최단 경로를 택하는 것은 빛의 고유한 속성이다. 예를 들어, 빛은 당신이 읽고 있는 이 글자들과 당신의 눈 사이에서 최단 경로를 취한다.

이제 밀봉된 상태에서 가속도 운동 중인 우주선에 탑승한 건망증 우주비행사에게로 돌아가 보자. 망치와 깃털 실험에 신물이 난 우주비행사가 이번에는 레이저 발생기를 꺼내와 조종실의 왼쪽 벽에 설치한다. 그 높이가 바닥에서 1.5미터라고 하자. 그런 다음 우주비행사는 오른쪽 벽으로 가서, 마커 펜으로 역시 1.5미터 높이에 붉은 색 선을 긋는다. 이제 우주비행사가 광선이 선실을 수평으로 가로지르도록 조정한 다음 레이저 발생기를 켠다. 레이저 광선이 오른쪽 벽의 어느 지점에 닿을까?

우주비행사가 수평으로 발사했기 때문에 레이저 광선이 오른쪽 벽의 정확히 붉은 선에 명중해야 할 것이다. 정말 그렇게 되었을까? 답은 아니오이다!

빛이 선실을 가로질러 비행하는 동안 우주선의 바닥은 로켓 엔진에 의해 줄곧 상승했다. 바닥이 레이저 광선과 만나기 위해 꾸준히 상승한 것이다. 빛이 오른쪽 벽에 접근할수록 바닥도 빛에 다가간다. 우주비행사의 관점에서 보면 빛이 점점 더 바닥에 접근하는 형국인 셈이다. 레이저 광선이 오른쪽 벽에 닿을 때쯤이면 분명히 붉은 선 아래를 지시하고 있을 것이다. 우주비행사는 레이저 광선이 선실을 횡단하면서 계속 아래로 구부러졌다고 인식한다.

그러나 빛은 항상 두 지점 사이의 최단 경로를 택한다는 사실을 상기해 보자. 평평한 것 위에서는 최단 경로가 직선이다. 반면 구부러진 것 위에서의 최단 경로는 곡선이다. 그렇다면 광선이 우주선의 선실을 곡선 궤도로 가로질렀다는 사실과 관련해 우리가 어떤 설명을 내놓을 수 있을까? 한 가지 해석만이 가능하다. 선실 내부 공간이 어떤 의미에서 구부러졌다고 할 수 있다.

이는 가속도 운동 중인 우주선이 야기한 환상일 뿐이라고 주장할 수도 있다. 그러나 정작 문제는, 우주비행사가 가속도 운동 중인 우주선에 탑승하고 있음을 알 도리가 전혀 없다는 것이다. 비행사가 지구의 표면에 있는 방에서 중력을 경험하고 있다고 해도 상관없는 셈이다. 가속도와 중력은 구별이 불가능하다. 이것을 등가원리라고 한다. 레이저 광선 실험은, 중력이 작용하는 곳에서 빛이 곡선 궤적을 그릴 수 있다는 것을 증명해 준다. 등가원리의 대단한 위력을 알 수 있는 대목이다. 달리 얘기해 보자. 중력은 빛의 경로를 구부린다.

중력이 빛을 구부리는 이유는 공간이 중력의 작용 때문에 모종의 방식으로 휘었기 때문이다. 실제로 중력은 휘어진 공간일 뿐이라는 게 밝혀졌다.

휘어진 공간이라니! 그게 정확히 무얼 뜻하는 것일까? 지구의 표면처럼 휘어진 평면은 쉽게 시각화할 수 있다. 동서와 남북으로 두 개의 방향만을 가지기 때문이다. 요컨대 2차원이다. 공간은 그것보다 조금 더 복잡하다. 동서와 남북과 상하의 공간 차원 세 개 말고도 과거-미래라는 시간 차원이 하나 더 있다. 그러나 아인슈타인이 입증했듯이 시간과 공간은 사실상 동일한 실체의 다른 측면일 뿐이다. 따라서 '시공간'의 네 개 차원이 있다고 생각하는 게 더 정확하다.

우리는 4차원의 시공간을 상상하기 힘들다. 우리가 3차원 대상들의 세계에 살고 있기 때문이다. 당연히 4차원 시공간의 휘어짐(굴곡)을 상상해 보는 것은 두 배로 더 어려울 것이다. 그것이 바로 중력의 실체이다. 중력은 휘어진 4차원 시공간이다.

이게 어떤 의미인지를 조금이나마 알 수 있다는 게 얼마나 다행인지 모르겠다. 팽팽한 트램펄린[뛰어오르거나 공중회전 등을 하며 놀 수 있는 스프링이 달린 사각형 또는 원형 매트]의 2차원 표면에서 살아가는 개미를 생각해 보자. 개미는 표면에서 일어나는 일만 볼 수 있고, 세 번째 차원인 트램펄린 위아래 공간에 대해서는 전혀 모른다. 이제 세 번째 차원의 개구쟁이가 트램펄린 위에다 볼링공을 하나 떨어뜨린다고 해보자. 개미들은 자신들의 경로가 대포알 주위에서 이해할 수 없는 방식으로 휘어졌음을 깨닫게 된다. 그들은 이 사태와 그들의 운동을 해명해야만 한다. 그들은 볼링공이 자기들에게 중력을 행사하고 있다고 주장한다. 꽤나 조리가 서는 설명이다. 그들이 이 힘을 중력이라고 부를지도 모르겠다.

그러나 신과 같은 세 번째 차원의 관점에서 보면 개미들이 틀렸다는 것은 분명하다. 개미들을 볼링공 주위로 끌어당기는 힘은 존재하지 않는다. 다만 볼링공이 트램펄린에다가 계곡처럼 움푹 들어간 공간을 만들어 놨을 뿐이다. 개미들의 경로가 볼링공 주위에서 휘어진 것은 이 때문이다.

아인슈타인은 우리의 처지가 트램펄린 위의 개미와 놀라울 정도로 흡사하다는 걸 깨달았고, 이것이 바로 그의 위대함이다. 우주 공간을 헤쳐 나가는 지구의 경로는 항상 태양을 향해 휘어 있다. 그래서 지구가 원에 가까운 궤도를 그리는 것이다. 우리가 태양이 지구를 끌어당기는 힘—다시 말해, 중력──을 행사한다고 말함으로써 이 운동을 해명하는 것은 꽤 그럴싸하다. 하지만 우리의 설명 방법은 틀렸다. 만약 우리가 네 번째 차원의 신과 같은 위치에서 사태를 조망한다면──개미가 세 번째 차원에서 사태를 조망하는 것만큼이나 우리가 그렇게 하는 것도 불가능하다── 그런 힘은 존재하지 않는다는 걸 알게 될 것이다. 오히려 사태의 진실은, 태양이 자기 주변으로 4차원의 시공간에 계곡 같은 함몰부를 만들었다는 것이다. 지구가 태양 주위에서 원에 가까운 경로를 따르는 이유는 그 궤도가 휘어진 공간에서 취할 수 있는 가능한 최단 거리이기 때문이다.

중력은 존재하지 않는다. 지구는 시공간을 가로지르는 가능한 가장 곧은 선을 따르고 있을 뿐이다. 그 선이 공교롭게도 원에 가까운 궤도인 까닭은 태양 주위의 시공간이 휘어 있기 때문이다. 레이먼드 치아오와 아킬레스 스펠리오토풀로스 두 물리학자는 이렇게 말했다. "일반상대성이론에서는 '중력'이 존재하지 않는다. 우리가 흔히 중력이라고 생각하는 것은 사실 힘이 아니다. 지구는 휜 시공간에서 가능한 '가장 곧은' 경로를 따라 운동할 뿐이다."

시공간에서 가능한 '가장 곧은' 경로를 따라 운동하는 물체는 자유 낙하한다. 대상이 자유 낙하하기 때문에 중력이 전혀 작용하지 않는 것이

---

* 대부분의 사람들은 우주 공간에는 중력이 없고, 그래서 지구 궤도를 도는 우주 비행사들이 무게가 안 나가는 것이라고 생각한다. 그러나 국제 우주 정거장은 지상에서 500킬로미터 정도 상공에 위치하고, 그곳의 중력은 지구 표면에서보다 약 15퍼센트 정도 더 약할 뿐이다. 우주 비행사들의 무게가 없는 진짜 이유는, 그들과 그들의 우주선이 강철 케이블이 끊어진 승강기에 탑승한 사람과 꼭 마찬가지로 자유 낙하하기 때문이다. 둘의 차이라면 그들은 결코 지면에 추락하지 않는다는 사실이다. 왜 그럴까? 지구가 둥글기 때문이다. 그들이 표면을 향해 떨어져도 표면이 그들한테서 빗나가 버리는 것이다. 이렇게 해서 그들은 영원히 원을 그리면서 떨어진다.

다. 지구는 태양 주위에서 자유 낙하한다. 태양이 지구에 행사하는 중력을 우리가 느끼지 못하는 것은 이 때문이다. 국제 우주 정거장의 우주비행사들도 지구 주위에서 자유 낙하한다. 당연히 그들도 지구의 중력을 느끼지 못한다.*

물체가 자연스런 운동을 방해받을 때에만 중력이 발생한다. 우리의 자연스런 운동은 지구 중심을 향한 자유 낙하이다. 그러나 지면이 우리를 방해한다. 그래서 우리가 우리 몸에 작용하는 지면의 힘을 느끼는 것이다. 우리는 그걸 중력이라고 해석한다. 커브를 도는 자동차가 우리의 자연스런 직선 운동을 방해할 때 우리는 원심력을 느낀다. 마찬가지로 우리의 환경이 우리의 자연스런 측지선 운동을 방해할 때 우리는 중력을 느낀다.

질량을 가진 물체가 휜 시공간에서 자신의 타력(관성)으로 운동한다고 보는 관점이 쓸데없이 복잡해 보일지도 모르겠다. 중력의 영향을 받으며 그냥 운동할 뿐이라는 관점보다는 확실히 복잡한 듯도 하다. 그러나 이두 가지 설명 방법은 같지 않다. 아인슈타인의 방법이 더 뛰어나다. 제일 먼저, 휜 것은 공간이 아니라 특수상대성이론의 시공간이다. 아인슈타인의 설명법이 빛의 속도를 상수로 유지하는 데 필요한 공간과 시간의 기묘한 상호 작용을 자동으로 짜 넣을 수 있는 이유다. 게다가 아인슈타인의 설명 방법은 새로운 사실들을 예견해 준다.

트램펄린 위의 개미들을 생각해 보자. 당신은 볼링공 같은 무거운 질량을 가지고 그걸 함몰시키는 것 말고도 다른 실험을 해볼 수 있다. 한쪽 끝을 잡고 위아래로 흔들어보는 것도 한 예가 될 수 있다. 호수 표면의 잔물결처럼 트램펄린 천에서 파동이 발생해 멀리 퍼져나갈 것이다. 똑같다. 우주 공간의 블랙홀처럼 큰 질량의 진동도 시공간의 '구조'에 파동을 불러일으킨다. 이런 중력파가 아직까지는 직접적인 방식으로 검출되지 않았다. 그러나 아인슈타인의 이론은 중력파가 존재하리라고 예측한다.

파동이 시공간을 파문처럼 퍼질 수 있다는 사실을 통해 우리는 우주 공간이 뉴턴이 상상한 것과 같은 텅 빈 수동적 매개가 아님을 추론해 볼 수 있다. 우주 공간은 실제 성질을 가진 능동적 매질이다. 뉴턴이 상상한 것처럼 물체는 빈 공간을 통해 다른 물체를 당기는 법이 절대로 없다. 물체는 먼저 시공간을 비튼다. 그리고, 이 비틀린 시공간이 다른 물체에 영향을 미치는 것이다. 존 휠러는 이렇게 말했다. "질량은 시공간에 어떻게 휠지를 지시한다. 그렇게 휜 시공간이 이제 질량에 어떻게 운동할지를 지시하는 것이다."

질량을 가진 물체에 의해 비틀린(왜곡된) 시공간의 효과가 다른 질량에 전파되려면 시간이 걸린다. 볼링공의 트램펄린 표면 왜곡이 사방 구석으로 퍼져 나가려면 시간이 걸리는 것과 꼭 같은 이치이다. 이 때문에 중력, 다시 말해 휜 시공간은 일정 시간 후에야 비로소 그 효과를 발휘한다. 광속으로 설정된 우주의 속도 한계와 정확히 일치하는 것이다.

시공간은 공기나 물 같은 진짜 매질의 특성을 갖는다. 이 사실은 행성이나 항성 같은 큰 물체들에게 여러 가지 의미를 갖는다. 축을 중심으로 자전하는 천체는 실제로 주변 시공간을 질질 끈다. 나사(NASA)가 중력 탐사 B(Gravity Probe B)라고 하는 궤도 선회 우주 실험으로 이 좌표계 이끌림 현상을 측정했다. 지구의 경우에는 좌표계 이끌림이 아주 작지만 빠른 속도로 회전하는 블랙홀의 경우는 그 값이 아주 크다. 이런 천체는 회전하는 시공간이라는 엄청난 토네이도의 중심에 자리한다. 블랙홀 속으로 떨어지는 모든 대상은 강력한 폭풍과 함께 소용돌이치게 된다. 우주의 어떤 힘도 여기에 맞설 수 없다.

일반상대성이론의 비결

아인슈타인의 참신한 중력 이론이 이제 명확해졌다. 질량은 주위의 시공간을 휜다. 이를 테면, 태양 같은 항성들. 다른 질량은 휜 시공간을 자체 관성으로 자유롭게 운동한다. 이를 테면, 지구 같은 행성들. 그것들이 따르는 경로가 휜 까닭은 휜 공간에서 가능한 최단 경로가 휘어 있기 때문이다. 이게 다다. 이것이 일반상대성이론의 내용이다.

그러나 악마가 세부 사실 속에 숨어 있다. 우리는 휜 공간에서 행성 같은 물체가 어떻게 운동하는지를 안다. 물체는 가능한 최단 경로를 택한다. 그런데 태양 같은 물체가 주변의 시공간을 정확히 어떻게 휜다는 말일까? 아인슈타인이 이걸 밝혀내는데 10년이 더 걸렸다. 그 세부 내용을 기술하는 교과서는 전화번호부만큼 두툼하다. 그러나 일반상대성이론을 구축하는 아인슈타인의 출발점을 이해하는 것은 어려운 일이 아니다. 그 출발점은 다름 아닌 등가원리이다.

밀봉된 우주선의 망치와 깃털을 다시 한 번 떠올려보자. 우주비행사에게는 그것들이 중력 하에서 바닥에 떨어지는 것처럼 보였다. 그러나 우주선 밖에서 이 실험을 지켜보는 사람에게는 망치와 깃털이 공중에 떠 있는데 선실 바닥이 상승 가속해 이것들과 만난다는 게 명백했다. 망치와 깃털은 전혀 무게가 없었다. 이 관측 내용이 아주 중요하다. 중력 속에서 자유 낙하하는 물체는 중력을 전혀 못 느낀다. 당신이 승강기 안에 있는데, 누군가가 지지 케이블을 잘라 버리는 상황을 상상해 보라. 승강기는 떨어지고, 당신은 무게가 안 나간다. 당연히 당신은 중력을 느끼지 못한다.

아인슈타인은 1907년에 이렇게 썼다. "어느 날 갑자기 돌파구가 열렸다. 나는 베른에 있는 특허청 사무소의 내 의자에 앉아 있었다. 그 생각은 불현듯 떠올랐다. 자유 낙하하는 사람은 자신의 무게를 느끼지 못한다는 사실 말이다. 나는 몹시 당황했다. 이 간단한 사고 실험에 나는 큰 충격을 받았다. 이 사실을 바탕으로 나는 중력 이론을 전개했다."

자유 낙하하는 물체가 중력을 느끼지 못한다는 게 뭐 그리 중요하고 대단하단 말인가? 자유 낙하하는 물체가 중력—또는 가속도(둘은 같으므로)—을 경험하지 못하면 그 물체의 행태를 아인슈타인의 특수상대성이론으로 완벽하게 기술할 수 있다. 그리고 여기에서 특수상대성이론과 아인슈타인이 탐구하던 중력 이론이 결정적으로 연결된다.

자유 낙하하는 물체가 무게를 감지하지 못하고, 그래서 특수상대성이론으로 기술할 수 있다는 관찰 내용은 특수상대성이론을 중력을 경험하는 물체로까지 확장할 수 있으리라는 가능성을 제시한다. 지구에 있는 한 친구가 그 또는 그녀의 발로 지면을 밟고 섬으로써 아주 분명하게 중력을 경험하고 있다고 생각해 보자. 당신은 원하는 아무 데서나 친구를 관찰할 수 있다. 근처 나무에 거꾸로 매달릴 수도 있고, 지나가는 비행기에서 관찰할 수도 있다는 식으로 말이다. 그런데 한 가지 관점이 결정적인 고비로 작용한다. 자유 낙하의 관점에서 사태를 관찰한다고 생각해 보자. 당신은 무게가 없고, 어떤 가속도에도 영향을 받지 않는다. 당신은 가속도를 전혀 느끼지 못하기 때문에 특수상대성이론을 활용해 친구를 설명하는 것도 가능하다.

특수상대성이론은 서로에 대해 등속으로 운동하는 사람들에게 세계가 어떻게 비칠지를 설명해 준다. 그런데 당신의 친구는 당신과 관련해 위쪽으로 가속도 운동을 하고 있다. 그렇다. 요컨대 당신이 이것저것 수고스럽게 계산하는 문제를 신경 쓰지 않는다 해도 친구가 어느 순간에는 등속이었을지 모르나 이를 테면, 다음 순간에는 약간 더 빠른 등속으로 운동하고 있음을 충분히 상상할 수 있다. 뭔가 꺼림칙하다. 그러나 당신은 친구의 가속도 운동을 일련의 급속한 단계적 속도 상승으로 어림할 수 있다. 매 순간의 속도에 대해 당신은 그냥 특수상대성이론을 사용해 친구의 공간과 시간에 무슨 일이 일어나고 있는지를 자신에게 알려줄 수 있다.

특수상대성이론에 따르면 움직이는 관측자의 시간은 느려진다. 필연적으로 다음과 같은 결론이 도출된다. 친구가 당신과 관련해 움직이고 있기 때문에 친구의 시간은 느려질 것이다. 하지만 잠깐. 당신 친구는 중력을 경험하고 있기 때문에 당신에 대해 운동하고 있는 것이다. 결국 이런 결론이 가능하다. 중력이 시간을 느리게 만든다! 이것은 그리 놀라운 일이 아니다. 요컨대 중력이 휜 시공간일 뿐이므로, 우리가 중력을 경험하고 있다면 우리의 공간과 우리의 시간도 모종의 방식으로 왜곡되어 있으리라는 게 당연한 것이다.

친구가 지구의 표면에 서 있는 문제를 사유하는 데서 다른 사실도 유추해 낼 수 있다. 중력이 더 강하면, 다시 말해 친구가 더 묵직한 행성에 있다면 자유 낙하하는 당신에 대한 그 또는 그녀의 속도가 점점 더 훨씬 빨라질 것이다. 특수상대성이론에 따르면 운동이 빨라질수록 시간은 더 많이 느려진다. 요컨대 경험하는 중력이 클수록 시간이 더 많이 느려진다는 얘기이다. 이 진술이 어떤 의미를 가질까? 당신이 빌딩의 지상 층에 일하면 꼭대기 층에서 일하는 동료들보다 나이를 더 천천히 먹게 된다는 소리이다. 왜지? 지구에 가까이 다가갈수록 당신은 더 강한 중력을 경험하고, 더 강한 중력 속에서 시간이 천천이 흐르기 때문이다.

그러나 지구의 중력은 아주 약하다. 당신이 앞으로 팔을 내뻗어도 지구 중력은 그 팔을 내리도록 당신을 강제할 수 없다. 지구의 중력이 약하기 때문에 가장 높은 건물이라도 지상 층과 꼭대기 층 사이에서 발생하는 시간의 흐름율(flow rate) 차이를 측정하기가 거의 불가능하다. 마천루에 있는 각자의 직장에서 아주 다른 속도로 나이를 먹은 쌍둥이 자매가 등장하는 이 장의 서두 내용은 그래서 진실을 상당히 과장한 것이다. 그러나 우주에는 중력이 훨씬 더 강력한 곳들이 존재한다.

백색왜성의 표면이 그런 곳 가운데 하나이다. 이곳의 중력은 심지어 태양의 중력보다 훨씬 더 크다. 아인슈타인의 중력 이론은 이런 별들에서 시간이 지구에서보다 조금 더 느리게 흐를 것이라고 예측한다. 그런 예측을 검증하는 게 불가능해 보일지도 모르겠다. 그러나 자연은 아주 다행스럽게도 우리에게 백색왜성의 표면에서 작동하는 '시계'를 주었다. 그 시계가 바로 원자들이다.

원자는 빛을 내뿜는다. 빛은 물결처럼 위아래로 굽이치는 파동이다. 나트륨이나 수소 같은 특정한 원소의 원자들은 해당 원소에 고유한 빛을 방출한다. 결국 고유 진동수를 가지는 파장이라는 얘기이다. 이 파동을 시계의 재깍거림으로 생각해 볼 수 있다. (실제로도 1초를 특정 유형의 원자가 방출하는 빛의 파동으로 정의한다.)

중력이 시간에 미치는 효과를 파악하는 데 원자들의 이런 특성이 어떤 도움을 주는 것일까? 우리는 먼저 망원경으로 백색왜성의 원자들에서 나오는 빛을 포착할 수 있다. 그 다음 순서는 예를 들어, 백색왜성의 수소에서 방출된 빛의 초당 진동수를 지구의 수소에서 나오는 빛의 초당 진동수와 비교하는 것이다. 백색왜성의 빛이 초당 진동수가 더 작았다. 빛이 더 느린 것이다. 시간이 더 느리게 흐름을 우리는 알아냈다!* 우리는 아인슈타인의 일반상대성이론이 확인되는 과정을 목도하고 있는 셈이다.

백색왜성보다 중력이 훨씬 더 큰 중성자성이라는 별도 있다. 중성자

---

* 기술적인 이유로 이런 현상을 '중력 적색 이동'이라고 한다.

성의 표면에서는 시간이 지구에서보다 1.5배 더 느리게 흐른다.

일반상대성이론의 결론

아인슈타인의 일반상대성이론이 시간 팽창만 예측한 것은 아니다. 이미 말했듯이 중력파가 존재하리라는 것도 그 예측 내용 가운데 하나다. 우리는 중력파가 존재한다는 것을 안다. 어떻게? 천문학자들이 에너지를 잃으면서 서로를 향해 나선 강하하는 별들의 쌍을 관측했다(이 별들의 쌍에는 적어도 한 개의 중성자별이 포함되어야 한다). 에너지 손실 사태는 아주 골치 아픈 문제였다. 중력파가 에너지를 앗아가 버리는 것이라는 설명만이 가능했다.

중력파를 직접 검출해 내겠다는 경쟁이 지금 치열하게 전개되고 있다. 중력파가 지나가면 공간이 교대로 펴졌다 짜부라졌다 해야 한다. 그래서, 길이가 수 킬로미터에 이르는 거대한 '자'를 만들어 중력파를 검출하려는 실험이 설계되고 있다. 자는 빛으로 만든다. 하지만 기본 개념은 단순하다. 중력파가 지나가면서 파문을 일으킬 때 자의 길이에 생기는 변화를 탐지해 내자는 생각이다.

지금까지는 별다른 얘기를 하지 않았지만 아인슈타인의 일반상대성이론이 예측하는 또 다른 내용으로 빛이 중력 때문에 구부러지는 현상이 있다. 물론 빛이 휘어지는 까닭은 4차원의 시공간이라는 휜 지형을 빛이 돌파해야만 하기 때문이다. 뉴턴의 중력 이론은 그런 현상을 전혀 예측하지 못한다. 그러나 빛을 포함해서 모든 형태의 에너지가 사실상 질량을 갖는다는 특수상대성이론의 개념과 결합되면 빛의 휨 현상을 예측할 수 있다. 빛은 태양처럼 육중한 물체 옆을 지날 때면 중력의 당김을 느끼고, 원래의 진행 방향에서 약간 이탈해 구부러진다.

물론 특수상대성이론은 뉴턴의 중력 법칙과 양립할 수 없다. 그러므로 이 빛의 휨 현상 예측은 에누리해서 받아들여야만 한다. 정확한 이론은 일반상대성이론이고, 그 이론은 빛의 경로가 두 배 더 크게 휘리라고 예측한다.

2라고 하는 이 특별한 인수가 등가원리의 미묘한 지점을 확실히 드러내 준다. 우주비행사가 우주선에서 수평으로 레이저를 발사하는 실험을 떠올려 보라. 광선이 아래로 굽었었다. 우주비행사는 지구 표면에서 중력을 경험하는 게 아니라는 것을 알 수 있는 방법이 전혀 없기 때문에 중력이 빛의 경로를 구부린다고 추론할 수 있었다. 그러나 여기에는 약간의 거짓말이 포함되어 있다. 실은 우주비행사가 자신이 우주선에 탑승하고 있는지 혹은 지구 표면에 있는지를 파악하는 게 가능하다는 사실이 밝혀졌다.

가속도 운동 중인 로켓에서 우주비행사의 두 발을 바닥에 고정해 주는 힘은 비행사를 수직 하방으로 당긴다. 비행사가 선실의 어디에 서 있더라도 이 사실에는 변함이 없다. 그러나 지구의 표면에서는 당신이 어디에 서 있느냐가 문제가 된다. 중력이 항상 지구의 중심으로 대상들을 당기기 때문이다. 영국에서 중력이 작용하는 방향과 뉴질랜드에서 중력이 작용하는 방향이 다른 것이다. 영국인들에게 뉴질랜드인들은 뒤집혀 있는 셈이고, 그 역도 마찬가지이다. 물론 같은 방이라면 이쪽과 저쪽에서 중력의 당김 방향이 그렇게 크게 차이가 나지는 않을 것이다. 그럼에도 불구하고 충분히 민감한 측정 장비를 갖추면 언제라도 그 변화를 감지할 수 있고, 따라서 우주비행사도 자신이 우주 공간에서 가속 운동 중인 로켓에 탑승하고 있는지 아니면 지구 표면에 있는지 알 수 있을 것이다.

앗, 문제가 있는 것 같다. 설마 등가원리가 무효화되면서 일반상대성 이론의 전 체계가 와해되는 것 아냐? 글쎄, 그렇게 생각할지도 모르겠다. 그러나 등가원리가 작은 부피의 공간에서 적용하기만 한다면 충분히 중력 이론을 세울 수 있다. 실제로 아주 작은 공간에서는 중력의 방향 변화를 탐지해 낼 수 없다.

이게 빛의 휨을 예측하는 뉴턴의 이론보다 두 배 더 크게 예측하는 아인슈타인 이론과 어떤 관계를 맺고 있는 것일까? 정리해 보자. 우리는 레이저 광선이 지구 표면의 방을 가로지를 때 아래로 휜다는 것을 알고 있다. 그 양은 뉴턴의 중력 이론이 예측하는 것과 대체로 일치한다는 것도 밝혀졌다. 이제 그 방이 자유 낙하한다고 생각해 보자. 이를 테면, 방을 비행기에서 떨어뜨려 버렸다. 우주비행사가 그 방에서 같은 실험을 한다. 자유 낙하 중이므로 중력이 없다는 사실을 명심하자. 광선은 수평으로 방을 가로지르고, 휘지 않아야 한다. 그러나 방의 모든 부분이 완전히 자유 낙하하는 것은 아니다. 지구의 중력은 방의 한쪽 모서리와 다른 쪽 모서리를 각기 다른 방향으로 당긴다. 따라서 방이 공기 중을 낙하할 때 중력이 완전히 소거되지 않는다. 이 때문에 우주비행사는 광선이 지구 표면의 방에서와 거의 비슷하게 아래로 휘는 것을 관찰하게 된다. 두 효과가 합쳐져 뉴턴의 중력 이론과 특수상대성이론이 예측하는 빛의 휨을 두 배 더 크게 예측하는 것이다.

먼 별에서 나오는 빛이 지구로 오는 길에 태양 근처를 지나면 그 궤도 역시 뉴턴의 이론이 예측하는 것보다 약 두 배 더 크게 휘어야 한다. 이런 효과로 인해 별의 위치가 다른 별들과 관련해서 약간 이동하게 된다. 물론 눈부신 일광 속에서는 관측이 불가능하다. 그러나 달이 밝게 빛나는 태양을 가리는 개기일식 동안에는 이 현상을 관측할 수 있다. 개기일식이

1919년 5월 29일 일어날 예정이었다. 영국의 천문학자 아서 에딩턴이 이를 관찰하기 위해 아프리카 서부 해안의 프린시페 섬으로 날아갔다. 그가 찍은 사진은 별빛이 태양의 중력에 의해 일반상대성이론이 예측한 양만큼 휜다는 것을 확인해 주었다.

에딩턴의 관측으로 아인슈타인은 "뉴턴이 틀렸음을 입증한 사나이"로 각광받게 되었다. 그러나 일반상대성이론의 성공적인 예측은 그걸로 끝나지 않았다. 뉴턴은 행성들의 태양 공전 궤도가 원이 아니라 타원, 곧 찌그러진 원임을 이론적으로 증명했다. 그는 중력이 소위 역제곱 법칙에 따라 감소한다는 사실에서 행성들이 타원 궤도를 그리게 되었음을 증명했다. 이 말은 당신이 태양에서 두 배 더 멀어지면 중력이 네 배 약해지고, 세 배 더 멀어지면 중력이 아홉 배 약해진다는 소리이다.

상대성이론으로 모든 것이 바뀌었다. 우선 첫째로, 질량-에너지만이 아니라 모든 형태의 에너지가 중력을 생성한다. 이제는 중력 자체가 에너지의 한 형태로 자리를 잡았다. 휜 트램펄린을 한 번 생각해 보라. 그게 얼마나 많은 탄성 에너지를 머금고 있는가. 중력이 일종의 에너지이기 때문에 태양 중력 자체가 중력을 생성한다! 물론 그 효과는 아주 작고, 대부분의 태양 중력은 여전히 질량에서 비롯한다. 그럼에도 불구하고 중력이 강한 태양 근처에서는 중력 자체가 작지만 가외로 기여를 하고 있다. 따라서 거기에서 궤도를 도는 천체는 역제곱 법칙으로 예상할 수 있는 것보다 더 큰 중력 당김을 경험한다.

역제곱 법칙을 따르는 힘이 행성들을 당기고 있을 때에만 행성들은 타원 궤도를 돈다. 뉴턴이 이 사실을 발견했다. 상대성이론은 그 힘이 역제곱 법칙을 따르지 않으리라고 예측한다. 실제로 다른 효과들이 개입해 뉴턴의 중력 이론을 배반한다. 중력이 공간을 이동하는 데 시간이 걸린다는 사실이 그런 효과 가운데 하나이다. 그로 인해 운동하는 행성이 매 순간 느끼는 중력은 더 이른 시간의 위치에 좌우된다. 아울러서 이로 인해 그 중력은 태양의 정확한 중심을 가리키지 않는다. 결론은, 행성들이 똑같은 타원 궤도가 아니라 공간에서 끊임없이 위치가 바뀌는 타원 경로를 따른다는 것이다. 행성들은 장미 매듭 모양을 그리며 공전한다. 태양에서 멀면 이런 효과가 두드러지지 않는다. 중력이 가장 강한 태양 주위에서 그 효과가 가장 크다.

맨 안쪽 행성인 수성의 궤도를 보면 정말이지 이상한 데가 있다. 아인슈타인이 1915년 자신의 중력 이론을 발표하기 전까지 천문학자들은 수성의 궤도가 우주 공간에서 장미 매듭 모양을 그린다는 사실에 골머리를 앓았다. 이 효과의 대부분은 금성과 목성의 중력 당김 때문이다. 그러나 이상한 점은, 금성과 목성이 사라져도 수성의 궤도가 여전히 장미 매듭 모양을 그리리라는 사실이다. 수성은 88일 만에 한 번씩 태양을 공전하지만 장미 매듭 모양은 300만 년에 딱 한 번씩만 그려진다. 아인슈타인의 이론이 정확히 이 내용을 예측했다는 것은 놀랍기 그지없다. 그는 일반상대성이론을 활용해 수성 궤도의 온갖 세부 사항을 남김없이 설명했다. 이게 다가 아니다. 일반상대성이론의 또 다른 예측 내용이 들어맞는 것을 볼라치면 아인슈타인이 올바른 중력 이론을 찾아냈다는 데에는 의심의 여지가 있을 수 없다.*

---

* 일반 상대성 이론조차 중력을 해명하는 결정적 이론 체계로 간주되지 않는다. 그래도 한동안은 쓸 수 있을 것이다.

기묘한 일반상대성이론

일반상대성이론의 우아함은 정말이지 환상적이다. 그럼에도 불구하고 일반상대성이론을 실제 상황에 적용하는 일은 아주 어렵다. 이를 테면, 특정한 질량 분포에 의해 시공간이 어떻게 휘었는지를 확인하는 작업 같은. 일반상대성이론이 순환적이라는 데 그 이유가 있다. 먼저 물체가 시공간이 어떻게 휠지를 지시한다. 그렇게 휜 시공간은 물체가 어떻게 운동할지를 지시한다. 이제 막 운동을 시작한 물체는 다시 시공간이 자신의 휜 상태를 어떻게 바꿔야 할지 지시한다. 이런 식으로 끊임없이 순환하는 것이다. 일반상대성이론의 핵심에는 일종의 닭이 먼저냐, 달걀이 먼저냐 하는 역설이 존재한다. 물리학자들은 이것을 비선형성이라고 부른다. 학자들에게도 비선형성은 아주 어려운 문제이다.

중력이 중력을 만들어 낸다는 사실을 통해 방금 말한 비선형성을 분명하게 확인할 수 있다. 중력이 더 많은 중력을 만들 수 있다면 그 추가 중력도 약간 더 많은 중력을 만들 수 있고, 같은 과정이 반복된다고 보는 것이다. 중력이 아주 약해서 흔히 생각할 수 있는 폭주 과정이 되지 않는다는 게 다행이다. 무거운 천체가 생성하는 중력도 대체로 별 탈 없이 잘 작동한다. 물론 대체로 그렇다는 말이지 항상 그렇다는 얘기는 아니다.

아주 무거운 별들은 매우 인상적인 방식으로 그들의 생을 마감한다. 별이 자체 중력으로 짜부라지는 것을 막는 것은 내부의 뜨거운 기체가 바깥으로 팽창하면서 발생하는 압력이다. 그러나 이런 외향 압력은 별이 열을 생성하는 동안에만 존재한다. 연료가 다 떨어지면 별은 수축한다. 대개는 다른 종류의 압력이 개입해서 백색왜성이나 중성자성 같은 초고밀도의 별 잔해가 된다. 그러나 별의 질량이 아주 크고, 중력이 매우 강하면 별이 한 점으로 수축하는 것을 막을 수 있는 게 없다. 물리학자들이 아는 한 그런 별들은 문자 그대로 완전히 사라진다. 그렇지만 그것들도 뭔가를 남긴다. 중력이 바로 그것이다.

우리는 지금 블랙홀 얘기를 하고 있는 것이다. 일반상대성이론의 모든 예측 내용 가운데서도 가장 기괴한 것이 아마 블랙홀일 것이다. 블랙홀은 중력이 아주 강해서 빛조차도 빠져나올 수 없고, 그래서 완전한 암흑인 시공간의 구역이다. '시공간의 구역'이라는 말이 중요하다. 해당 별의 질량이 사라졌으므로.

질량이 없는데 어떻게 중력을 가질 수 있다는 말일까? 중력은 질량뿐만 아니라 온갖 형태의 에너지에서도 발생한다. 블랙홀의 경우는 자체중력이 더 많은 중력을 생성하고, 그 추가 중력이 다시 더 많은 중력을 생성한다. 그렇게 블랙홀은 스스로 재생한다. 마치 자수성가한 사람처럼 말이다. 시공간의 관점에서 보면 블랙홀은 말 그대로 구멍이다. 태양 같은 별은 주위의 시공간에 움푹 파인 곳을 남기는 정도이지만 블랙홀은 바닥이 없는 우물을 파버린다. 거기 떨어진 물체는 결코 다시는 빠져나올 수 없다.

노벨상을 받은 물리학자 수브라마니안 찬드라세카는 이렇게 말했다. "자연계의 블랙홀은 우주에 존재하는 가장 완벽한 거시적 대상이다. 시간과 공간의 개념만 알고 있으면 블랙홀을 만들 수 있는 것이다."*

---

* '블랙홀'이라는 용어는 1965년 존 휠러에 의해 고안되었다. 1965년 이전에는 이런 대상을 다루는 과학 논문 자체가 거의 없었다. 그 후로 이 분야에 대한 연구가 폭발적으로 증가했고, '블랙홀'이라는 말은 일상 용어로까지 자리를 잡았다. 사람들은 일이나 과제가 관료적 블랙홀 속으로 사라져 버렸다는 식으로 자주 얘기한다. '블랙홀'이라는 용어는 과학 현상을 기술하기 위해 적확한 용어를 채택하는 것이 얼마나 중요한지를 완벽하게 보여 주는 사례다. 적확한 용어들이 대중의 마음에 생생한 이미지를 제공하면 해당 주제에 대한 관심을 불러일으킬 수 있다.

블랙홀은 그 초강력 중력 때문에 일반상대성이론이 예측하는 내용 가운데서도 가장 극적인 효과를 보여 준다. 사건의 지평선이라고 하는 표면이 블랙홀을 에워싼다. 사건의 지평선은 블랙홀 주변에서 표류하는 대상들이 다시는 빠져나올 수 없는 지점을 표시한다. 당신이 사건의 지평선 가까이로 접근하면 뒤통수를 볼 수 있다. 당신 뒤쪽의 빛이 눈에 도달하기도 전에 블랙홀 주변으로 내쳐 달리며 구부러지기 때문이다. 당신이 모종의 방법을 동원해 사건의 지평선 바로 바깥에 머무를 수 있다면 시간이 아주 천천히 흐를 테고, 당신은 이론상으로 우주의 전체 미래가 고속으로 감기는 영화 화면처럼 빠르게 스쳐 지나가는 것을 목격할 것이다!

시간은 우주의 다른 곳에서보다 블랙홀의 강한 중력 속에서 훨씬 더 느리게 흐른다. 이 사실은 흥미로운 결과를 야기한다. 당신은 블랙홀에서 멀리 떨어져 있고, 친구는 블랙홀 근처에 있다고 해보자. 시간의 흐름율이 크게 차이 나기 때문에 당신이 월요일에서 금요일까지 경과하는 동안 친구는 월요일에서 화요일까지만 경과할 것이다. 이게 어떤 의미를 가질까? 당신이 친구의 위치로 이동할 수 있는 방법을 찾아내기만 하면 금요일에서 화요일로 돌아갈 수 있다는 얘기다. 시간을 거슬러 여행할 수 있는 것이다!

실제로 한 장소에서 다른 장소로 이동할 수 있는 방법이 존재한다는 사실이 밝혀졌다. 아인슈타인의 상대성이론에 따르면 '웜홀'이 존재한다. 웜홀은 시공간을 가로지르는 땅굴 같은 지름길이다. 웜홀의 입구로 들어가 친구 근처의 출구로 나오면 금요일에서 화요일로 시간을 거꾸로 달려 돌아갈 수 있을 것이다.

웜홀은 반발 중력을 가진 물체가 열지 않으면 즉시 닫혀 버리는 문제가 있다. 그런 '색다른 물체'가 우주에 존재하는지의 여부를 아는 사람은 아무도 없다. 그럼에도 불구하고 아인슈타인의 중력 이론이 시간 여행의 가능성을 배제하지 않는다는 놀라운 사실은 여전히 남는다.

그러나 일반상대성이론이 허용하는 종류의 '타임머신'과 H. G. 웰스 같은 과학 소설 작가들이 기술한 유형의 '타임머신' 사이에는 약간의 차이가 있다. 첫째로, 시간 거리를 여행하려면 공간 거리를 여행해야만 한다. 타임머신에 그냥 가만히 앉아서 조작 레버를 당기면, 예를 들어 1066년에 가 있는 상황 따위는 있을 수 없는 것이다. 두 번째로 중요한 차이점은, 타임머신이 만들어지기 이전 시대로는 당신이 갈 수 없다는 사실이다. 당신이 공룡 사파리 여행을 가고 싶어도 오늘 타임머신을 만들면 아무 소용이 없다. 당신은 6,500만 년 전에 외계인들(이나 아주 똑똑한 공룡들)이 만들어 사용하다가 버린 타임머신을 찾아내야만 할 것이다!

학자들 사이에서도 타임머신의 가능성은 논란이 분분하다. 시간 여행이 가능하다면 온갖 종류의 불가능한 상황들, 곧 '역설들'이 머리를 쳐들고 나타날 것이다. 그 가운데서도 가장 유명한 것이 할아버지 역설이다. 한 남자가 시간을 거슬러 올라가, (외)할아버지가 자신의 어머니를 갖기도 전에 총으로 쏴 죽인다는 내용 말이다. 그가 할아버지를 쏴 죽이면 도대체가 어떻게 태어나서 시간을 거슬러 올라가고, 또 그 짓을 할 수 있겠느냐가 문제가 되는 것이다.

이런 곤란한 문제들에 직면하자 영국의 물리학자 스티븐 호킹이 연대기 보호론을 제안하고 나섰다. 사실 이 가설은 노골적인 시간 여행 금지론을 근사하게 바꿔 부른 명칭일 뿐이다. 호킹에 따르면, 우리가 아직 모르는 물리학의 법칙이 개입해 시간 여행을 금지해야만 한다. 물론 그에게도 이런 법칙이 존재한다는 요지부동의 증거 따위는 없다. 다만 이렇게 묻고 있을 뿐이다. "미래에서 온 관광객들은 어디에 있나?"

아인슈타인도 시간 여행이 가능할 거라고 보지 않았다. 자신의 중력 이론이 시간 여행의 가능성을 예측하고 있음에도 불구하고 말이다. 그러나 그는 자기 이론의 다른 두 가지 예측 내용과 관련해서도 틀린 바가 있다. 그는 블랙홀이 존재할 거라고 믿지 않았지만 오늘날에는 블랙홀들이 존재한다는 확고부동한 증거가 있다. 그는 자신의 이론이 우주의 기원과 관련해 알려주는 내용, 곧 우주가 대폭발에서 시작했다는 추론도 믿지 않았다.

10

모자에서 토끼를 꺼내는 궁극의 마술

::

어떻게 알게 되었을까. 우주가 영원히 존재한 것이 아니라
강력한 폭발로 137억 년 전에 태어났다는 걸.

모자에서 하얀 토끼가 나왔다. 토끼는 엄청나게 컸고,
그래서 그 마술에는 수십억 년이 걸렸다.
_ 요슈타인 가아더

그것은 첨단 기술이 적용된 망원경이다. 손잡이를 돌리기만 해도 망원경 시스템이 '조정'되어 육안으로는 볼 수 없는 온갖 종류의 빛을 관측할 수 있는 것이다. 당신은 별이 총총한 추운 밤에 망원경을 들고 밖에 나가 기계 조작을 시도한다.

처음 보이는 것은 자외선이다. 자외선은 태양보다 훨씬 더 뜨거운 별에서 방출되는 빛이다. 몇몇 낯익은 별들이 사라지고, 새로운 별들이 시야에 들어온다. 흐릿한 성운에 가렸던 것들이다. 그러나 하늘의 가장 두드러진 특징은 육안으로 볼 때와 동일하다. 대부분이 암흑이라는 점 말이다.

당신은 계속해서 손잡이를 돌린다.

X-선이 보이기 시작한다. 기체가 블랙홀처럼 색다른 천체를 향해 소

용돌이치면서 수십만 도까지 가열될 때 방출되는 고에너지의 빛이 X-선이다. 하늘의 가장 두드러진 특징은 여전히 암흑천지라는 점이다.

당신이 손잡이를 거꾸로 돌리자 자외선과 가시광선을 지나 적외선이 보이기 시작한다. 적외선은 태양보다 훨씬 더 차가운 천체가 내뿜는 빛이다. 별의 잔해가 하늘을 점점이 수놓고 있는 게 보인다. 가물거리는 형성기 기체 속에서 갓 태어난 별들과 단말마의 고통에 신음하는 적색거성들이 그런 천체들이다. 그러나 새로운 별들이 하늘을 불 밝히고 있음에도 불구하고 하늘의 가장 두드러진 특징은 여전하다. 이런 암흑천지라니.

당신은 계속해서 손잡이를 돌린다. 이제 보이는 것은 극초단파이다. 레이더, 휴대 전화, 전자레인지에 사용되는 빛이 바로 극초단파이다. 그런데 뭔가 이상한 일이 일어난다. 하늘이 점점 밝아지는 것이다. 일부가 아니라 전체 하늘이 밝아지고 있다!

당신은 망원경에서 눈을 떼었다가 다시 들여다본다. 그러나 사태는 여전하다. 이제는 하늘 전체가 하얀색으로 균일하게 빛난다. 손잡이 조작을 계속해 보지만 하늘은 점점 더 밝아질 뿐이다. 우주 공간 전체가 빛나고 있는 것처럼 보인다. 마치 거대한 전구 안에 들어가 있는 듯하다.

망원경이 오작동을 하고 있단 말인가? 아니다. 망원경은 완벽하게 작동하고 있다. 당신이 보고 있는 것은 우주 배경복사이다. 137억 년 전에 우주를 탄생시킨 불덩어리의 자취가 바로 우주 배경복사(radiation)이다. 팽창하면서 크게 냉각된 우주의 도처에 우주 배경복사가 여전히 퍼져 있다는 사실은 놀랍기 그지없다. 물론 그것은 이제 가시광선이 아니라 저에너지의 극초단파이다. 믿기 힘들겠지만 현재 우주에 존재하는 빛의 무려 99퍼센트가 우주 배경복사이다. 우주 배경복사야말로 우리 우주가 강력한 폭발, 곧 빅뱅 속에서 시작되었다는 명백한 증거이다.

우주 배경복사는 1965년에 발견되었다. 하지만 빅뱅이 있었다는 것은 더 일찍부터 알고 있었다. 그 첫 발을 내딛은 사람이 바로 아인슈타인이었다.

궁극의 과학

아인슈타인의 중력 이론, 곧 일반상대성이론은 물체가 다른 물체를 당기는 방식을 기술한다. 우리가 알고 있는 가장 큰 규모로 물질이 집적된 곳은 우주이다. 진정으로 도전적인 문제들을 외면하거나 회피한 적이 단 한 번도 없었던 아인슈타인은 1916년 자신의 중력 이론을 존재하는 모든 것(萬有)에 적용했다. 그렇게 그는 궁극의 과학인 우주학(론)의 기초를 놓았다. 우주학은 우주의 기원과 진화, 그리고 그 최후의 운명을 연구한다.

아인슈타인의 중력 이론을 뒷받침하는 기본 개념들은 믿을 수 없을 정도로 단순하다. 그러나 수학 방정식은 불행하게도 그렇지 못하다. 특정한 질량 분포가 시공간을 어떻게 휘는지 정확히 계산하는 일은 정말이지 아주 어렵다. 이를 테면, 아인슈타인이 일반상대성이론을 발표하고 거의 반세기가 지난 1962년에야 비로소 뉴질랜드의 물리학자 로이 커가 실제의 회전하는 블랙홀이 만들어내는 시공간의 왜곡을 계산해 낼 수 있었다.

물질이 우주 공간 전체에 어떻게 퍼져 있는지를 단순화해 가정하지 않았다면 전체 우주가 시공간을 어떻게 휘는지 알아낼 수 없었을 것이다. 아인슈타인은 관측자가 우주의 어디에 있는지는 중요하지 않다고 가정했다. 다시 말해 그는 당신이 어디에 있든 우주의 전체 특성은 똑같고, 모든 방향에서 대체로 동일해 보인다고 가정했다.

1916년 이후 축적된 천체 관측 자료를 통해 이런 가정이 올바름을 확인할 수 있었다. 우주를 구성하는 기본 요소는 은하이다(당시에는 아인슈타인은 물론이고 다른 사람들도 이 사실을 알지 못했다). 은하란 우리 은하수 같은 커다란 별무리이다. 현대식 망원경으로 관측해 보아도 은하들이 우주 전체에 균일하게 분포하고 있음을 알 수 있고, 따라서 아무 은하나 잡고 거기서 보는 관점은 다른 은하에서 보는 관점과 거의 같다.

아인슈타인이 자신의 이론을 전체 우주에 적용한 후 내린 결론은 이랬다. 우주의 시공간은 전체적으로 휘었음에 틀림없다. 그런데 휜 시공간에서는 물체가 운동한다. 이것은 일반상대성이론의 핵심 원리이다. 따라서 우주가 가만히 있을 리 없었다. 아인슈타인은 이 결론에 낙담했다. 우주가 정적(靜的)이리라는 그의 믿음은 뉴턴만큼이나 확고했다. 오늘날 우리가 은하로 알고 있는, 우주를 구성하는 천체들이 우주 공간에서 부동의 상태로 정지해 있어야 한다고 생각했던 것이다.

정적인 우주가 사람들 마음에 들었던 이유는, 우주가 항상 똑같은 상태를 유지했기 때문이다. 우주가 어디에서 왔는지, 또 어디로 가는지와 같은 골치 아픈 문제들을 다룰 필요가 전혀 없었던 것이다. 우주에는 시작이 없었다. 끝도 없었다. 우주가 지금 이대로 존재하는 이유는 옛날부터 쭉 그래 왔기 때문이었다.

뉴턴에 따르면 우주가 정적이기 위해서는 한 가지 조건을 만족해야 했다. 물체가 모든 방향으로 무한히 퍼져야만 했던 것이다. 이렇게 끝없는 우주에서는 각각의 천체가 한쪽으로 일방적 중력을 행사하는 만큼 반대쪽으로도 일방적 중력을 행사하는 천체를 동일하게 갖는다. 두 줄다리기 팀이 팽팽하게 맞선 모습을 떠올려보면 쉽게 알 수 있다. 그렇게 개별 천체는 부동의 상태를 유지한다.

그러나 아인슈타인의 중력 이론에 따르면 우주는 무한하지 않고 유한하다. 우주의 시공간은 자체적으로 말려 있다. 농구공의 2차원 표면이 만드는 4차원 시공간을 생각해 보면 된다. 이런 우주에서는 중력 줄다리기가 그 어디에서도 완벽하게 균형을 이루지 못한다. 모든 천체가 다른 모든 천체를 자기 쪽으로 당기기 때문에 우주는 걷잡을 수 없이 수축한다.

아인슈타인은 정적인 우주란 개념을 구출해 내고 싶었고, 자신의 우아한 이론을 망쳐 버렸다. 그는 우주 척력이라는 괴상한 힘을 도입했다. 우주에 존재하는 천체들을 밀어내는 힘이 우주 척력이라고 했다. 그는 우주 척력이 엄청나게 멀리 떨어져 있는 천체들에만 유의미한 영향력을 행사한다는 가설을 세웠다. 지구 주변에서 우주 척력을 감지할 수 없는 이유를 설명하고자 한 변명 비슷한 구절인데, 궁색하기 이를 데 없었다. 아무튼 그는 천체들을 끊임없이 끌어당기려고 하는 중력을 중화시켜 버렸고, 그 속에서 우주 척력은 우주를 영원히 정적인 상태로 유지했다.

팽창하는 우주

아인슈타인의 직관이 틀렸음이 밝혀졌다. 1929년 에드윈 허블이 발표한 새로운 발견 내용은 정말 극적이었다. 이 미국인 천문학자는 우주를 구성하는 요소가 은하임을 발견한 탐사 팀의 책임자였다. 은하들이 서로에게서 멀어지고 있었다. 우주에서 폭탄이 터진 듯했다. 우주는 정적이기는커녕 크기가 커지고 있었던 것이다. 아인슈타인은 허블의 발견 내용을 듣고는 자신의 우주 척력 가설을 폐기했다. 그는 우주 척력을 제안한 것이 자기 인생에서 가장 큰 실수였다고 고백했다.* 아인슈타인의 그 괴상한 척력으로는 은하들을 부동 상태로 유지할 수 없었던 것이다. 아서 에딩턴이

1930년에 지적했듯이, 정적인 우주는 애초부터 불안정하다. 뾰족한 끝으로 균형을 잡고 있는 칼처럼 조금만 기울기가 변해도 우주의 팽창이나 수축이 가능해지기 때문이다.

다른 학자들은 아인슈타인과 같은 실수를 저지르지 않았다. 1922년 러시아의 물리학자 알렉산드르 프리드만이 아인슈타인의 중력 이론을 우주에 적용했고, 우주가 수축하거나 팽창하고 있어야 한다고 올바르게 결론지었다. 5년 후에는 벨기에의 가톨릭 성직자 조르주-앙리 르메트르가 독자적으로 같은 결론에 도달했다.

존 휠러는 이렇게 말했다. "중력을 뒤틀린 시공간으로 기술하는 아인슈타인의 이론은 곧장 다음과 같은 위대한 예측으로 이어졌다. 우주 자체가 운동을 하고 있는 것이다." 아인슈타인이 자기 이론의 메시지를 놓쳐 버렸다는 사실은 참으로 얄궂다.

빅뱅 우주

우주가 팽창하고 있기 때문에 한 가지 결론밖에 나올 수가 없었다. 과거에는 우주가 더 작았으리라는 결론 말이다. 천문학자들은 영화를 거꾸로 돌리듯이 이 팽창 과정을 역추적함으로써 존재하는 모든 것이 137억 년 전에는 가장 작은 부피로 압착되어 있었을 것으로 추론했다. 멀어지는 은하는 우주가 나이가 들었음에도 불구하고 영원히 존재해 온 것은 아님을 가

---

* 조지 가모브가 쓴 『조지 가모브-창세의 비밀을 알아낸 물리학자』(*My World Line*, New York, 1970)를 보라. 가모브는 이 책에서 아인슈타인에 관해 이렇게 쓰고 있다. "그는 [내게] 우주 상수를 도입한 게 자기 인생 최대의 실수라고 말했다."

르쳐 주었다. 시간에는 시작이 있었다. 겨우 137억 년 전에 모든 물질과 에너지와 공간과 시간이 강력한 폭발 속에서 탄생했다. 빅뱅 말이다.

우주의 팽창은 아주 단순한 법칙을 따른다는 것이 밝혀졌다. 모든 은하는 은하수(우리 은하)에서 거리에 비례하는 속도로 달아나고 있다. 다른 은하보다 두 배 더 멀리 위치한 은하는 두 배 더 빠른 속도로 물러나고, 10배 더 멀리 위치한 은하는 10배 더 빠른 속도로 달아난다는 얘기이다. 이런 관계를 허블의 법칙이라고 한다. 크기가 커지면서도 모든 은하에서 보아도 항상 똑같이 보이는 우주에서는 허블의 법칙이 반드시 지켜진다는 사실도 밝혀졌다.

안에 건포도가 박힌 케이크를 생각해 보자. 당신 몸이 줄어들어 아무 건포도 위에나 앉을 수 있다면 보이는 게 항상 똑같을 것이다. 이제 케이크를 오븐에 집어넣는다고 해보자. 부풀 것이다. 팽창한다는 얘기다. 당신은 다른 건포도가 전부 당신한테서 멀어지는 것을 볼 뿐만 아니라 그것들이 당신과의 거리에 비례하는 속도로 물러나는 것도 알게 될 것이다. 당신이 어떤 건포도 위에 앉아 있느냐는 중요하지 않다. 보이는 시계(視界)는 항상 똑같을 것이다. (물론 여기에는 다음과 같은 암묵적 전제가 깔려 있다. 케이크가 충분히 크다는, 그래서 당신이 케이크의 끝과는 아주 멀리 떨어져 있을 수 있을 정도로 크다는 가정이다.) 팽창하는 우주 속의 은하들은 부풀어 오르는 케이크 속의 건포도와 흡사하다.

다음과 같은 논리적 결론이 도출된다. 모든 은하가 우리한테서 멀어지고 있기 때문에 우리가 우주의 중심에 있고, 또 빅뱅이 우리 우주의 뒷마당, 다시 말해 가까운 곳에서 일어났다고 가정해서는 안 되는 것이다. 우리가 은하수가 아닌 다른 은하에 있다고 해보자. 아무 은하라도 상관없다. 우리는 다른 모든 은하가 우리한테서 달아나는 현상을 똑같이 보게 될 것이다. 빅뱅은 여기에서도 일어나지 않았고, 저기에서도 일어나지 않았으며, 우주의 어떤 특정 지점에서 일어난 게 아니다. 빅뱅은 모든 곳에서 동시에 일어났다. "우주에는 중심이나 주변이 존재하지 않는다. 모든 곳이 중심이다." 16세기의 철학자 지오르다노 브루노가 한 말이다.

빅뱅은 사실 살짝 잘못 붙인 명칭이다. 빅뱅은 우리에게 친숙한 이미지로 다가오는 그 어떤 폭발과도 닮지 않았다. 다이너마이트가 폭발하는 상황을 예로 들어보자. 한 지점에서 바깥으로 폭발이 일어나고, 파편이 이미 존재하는 공간으로 퍼진다. 빅뱅은 한 지점에서 일어나지 않았고, 이미 존재하는 공간도 없었다! 공간, 시간, 에너지, 물질, 이 모든 것이 빅뱅 속에서 탄생했고, 동시에 모든 곳에서 팽창하기 시작한 것이다.

뜨거운 빅뱅

무언가를 더 작은 부피로 압축하면 열이 발생한다. 자전거펌프에 공기를 주입하는 상황을 떠올려 보라. 그러므로 빅뱅은 뜨거운 빅뱅이었다. 이 사실을 처음 깨달은 사람은 우크라이나 출신의 미국 물리학자 조지 가모브였다. 그는 빅뱅이 있고 처음 얼마 동안 우주는 핵 폭발시에 볼 수 있는 엄청나게 뜨거운 불덩어리와 흡사할 거라고 추론했다.*

핵폭탄의 불덩어리에서 생긴 열과 빛은 대기 중으로 발산되어, 폭발이 있고 몇 시간이나 며칠 후면 전부 사라진다. 그러나 빅뱅의 불덩어리에서 나온 열과 빛은 다르다. 우주는 정의상 존재하는 모든 것이기 때문

---

* 빅뱅은 영국의 천문학자 프레드 호일이 1949년 BBC의 한 라디오 프로그램에 출연해 한 말이다. 호일이 죽는 날까지 빅뱅이 실재했음을 믿지 않았다는 사실이야말로 아이러니다.

에 그 열과 빛은 절대로 어디 갈 수가 없다. 빅뱅의 '잔광'(afterglow, 殘光)은 우주에 영원히 봉인되었다. 무슨 말인가? 그 잔광을 오늘날에도 주변에서 여전히 볼 수 있다는 얘기이다. 물론 빅뱅 이후 우주가 팽창하면서 많이 냉각되었기 때문에 가시광선이 아니라 극초단파 형태이기는 하지만 말이다. 극초단파는 아주 차가운 천체에 특징적인 빛의 형태로, 육안으로는 보이지 않는다.*

가모브는 오늘날의 우주에서 이 극초단파 형태의 잔광과 다른 광원들을 구별해 내는 것이 가능할 거라고 보지 않았다. 그러나 그의 판단은 빛나갔다. 그의 지도를 받던 연구원들인 랠프 앨퍼와 로버트 허먼은 빅뱅의 자취를 보여 주는 열이 두 가지 고유한 특성을 바탕으로 도드라져 보일 것이라고 생각했다. 첫째, 그 열은 빅뱅에서 나왔고, 또 빅뱅은 동시에 도처에서 일어났기 때문에 그 빛이 하늘의 모든 방향에서 똑같이 와야 했다. 둘째, 그 빛의 스펙트럼—빛의 에너지에 따라 변하는 빛의 밝기—은 '흑체'의 스펙트럼일 터였다. 흑체의 스펙트럼이 고유한 '지문'만 아니라면 흑체의 정체를 알 필요는 없다.

앨퍼와 허먼이 1948년에 빅뱅의 잔광이 존재하리라고 예측했음에도 불구하고 우주 극초단파 배경복사는 1965년 이후에야 비로소 발견되었다. 그것도 아주 우연히 말이다. 아노 펜지어스와 로버트 윌슨이 그 주인공이다. 뉴저지 소재 홈델의 벨 연구소에 재직 중이던 이 약관의 천문학자들은 텔스타(Telstar, 1962년에 미국이 쏘아 올린 상업용 통신 위성)와의 교신에 사용하던 뿔 모양의 극초단파 안테나를 활용했다. 그들은 불가사의한 히스(hiss, 수신기의 잡음)를 검출했다. 극초단파 '잡음'이 하늘의 모

---

* 전자레인지와 레이더 송신기를 구동하는 전자관도 극초단파를 사용한다.

든 방향에서 균일하게 쏟아지고 있었던 것이다. 그들은 다음 여러 달 동안 그 신호의 정체를 이리저리 궁리해 보았다. 인근 뉴욕에서 나오는 라디오 잡음일 거라는 추측, 핵실험이 대기에 미친 여파일 것이라는 가설, 그들이 사용하던 뿔 모양의 극초단파 검출기 내부에 쌓인 비둘기 똥 때문일 거라는 억측까지 난무했다. 사태의 진실을 말하자면, 그들은 우주가 팽창하고 있다는 허블의 발견 이후 가장 중요한 우주학적 발견을 했던 것이다. 창조의 저녁놀은 우리 우주가 뜨겁고, 조밀한 상태, 다시 말해 빅뱅에서 시작되어, 그 뒤 줄곧 크기가 커지면서 냉각 중이라는 유력한 증거였다.

펜지어스와 윌슨은 최소 2년 동안이나 자신들이 발견한 불가사의한 잡음의 기원이 빅뱅이라는 것을 인정하지 않았다. 그럼에도 불구하고 그들은 창조의 저녁놀을 발견한 공로로 1978년 노벨 물리학상을 받았다.

우주 배경복사는 가장 오래 된 창조의 '화석'이다. 우주 배경복사는 빅뱅에서 곧장 우리에게로 다가선다. 약 137억 년 전 초기 우주의 상태에 관한 귀중한 정보를 담고서 말이다. 우주 배경복사는 자연계에서 가장 차가운 것이기도 하다. 어느 정도냐 하면 가능한 최저 온도(섭씨 영하 270도)인 절대 온도 0도보다 불과 2.7도 더 높은 수준이다.

우주 배경복사는 우리 우주의 가장 놀라운 특징 가운데 하나이다. 밤하늘을 쳐다보라. 밤하늘이 암흑천지라는 것이야말로 가장 분명한 특징이다. 그러나 우리의 눈이 가시광선이 아니라 극초단파 광선에 민감하게 반응하도록 진화했다면 우리는 아주 다른 현상을 보게 될 것이다. 하늘이 암흑천지가 아니라 하얄 것이다. 마치 전구 안에 들어가 있는 것처럼. 빅뱅이 있고 수십억 년이 지났음에도 온 우주 공간은 빅뱅이라는 불덩어리의 잔열로 여전히 부드럽게 빛나고 있는 것이다.

실제로 각설탕 크기의 우주 공간마다 우주 배경복사를 하는 광자가 약 300개 들어 있다. 우주에 존재하는 전체 광자의 99퍼센트가 우주 배경 복사와 관계를 맺고 있다. 불과 1퍼센트만이 별빛에 관여하는 것이다. 우주 배경복사는 정말로 어디에나 있다. 당신이 TV 수상기를 조정해 방송국을 선택할 때 화면에 보이는 흰 반점의 1퍼센트는 빅뱅의 잔여 잡음이다.

어두운 밤

우주가 빅뱅 속에서 시작되었다는 사실을 곰곰 생각해 보면 또 다른 엄청난 비밀을 알 수 있다. 밤하늘이 왜 어두운지를 말이다. 독일의 천문학자 요하네스 케플러는 이게 골치 아픈 문제라고 여긴 최초의 인물이었다. 1610년의 일이다.

소나무가 일정한 간격으로 끝없이 있는 숲을 떠올려 보자. 당신이 직선으로 방향을 설정하고 숲에 뛰어 들어간다면 곧 나무와 부딪치고 말 것이다. 마찬가지다. 일정한 간격으로 별이 포진한 우주가 끝없이 펼쳐진다면 당신이 지구에서 어느 방향을 보더라도 그 시선은 별과 마주칠 것이다. 그런 별들 가운데 일부는 멀리 떨어져 있고, 희미할 것이다. 그러나 가까운 별보다 먼 별들이 더 많을 것이다. 실제로 이 사실이 결정적으로 중요한데, 별들의 수가 이런 식으로 증가해 그 희미함이 보충된다. 다시 말해, 지구에서 일정한 거리에 있는 별들은 두 배, 세 배, 네 배 등등으로 더 먼 별들과 총량에서 똑같은 빛을 발산하고 있다는 얘기이다. 따라서 지구에 도달하는 빛을 전부 합하면 무한대의 양이 되어야 할 것이다!

이게 터무니없는 얘기임은 분명하다. 별은 점이 아니다. 별은 작은 원반이다. 따라서 가까운 별은 더 먼 별에서 오는 빛의 일부를 가린다. 가까운 소나무가 더 멀리 있는 소나무를 가리는 것과 같다. 그러나 이런 효과를 감안한다 해도 하늘 전체가 별들로 도배되어야만 한다는 결론을 피할 수는 없다. 요컨대 사이에 틈이 전혀 없어야 하는 것이다. 하늘은 밤에 어둡기는커녕 전형적인 별의 표면처럼 밝아야만 한다. 전형적인 별은 적색 왜성이다. 적색왜성은 사그라지는 깜부기불처럼 빛을 발하는 별이다. 결국 밤하늘은 짙은 붉은색으로 빛나야 한다. 그렇지 않은 이유가 19세기 초에 독일의 천문학자 하인리히 올버스에 의해 수수께끼의 형태로 대중화되었고, 이 난제는 그를 기념해 올버스의 역설이라는 명칭을 얻게 된다.

우주가 실은 영원히 존재한 게 아니고, 빅뱅 속에서 태어났음을 깨닫고서야 비로소 올버스의 역설을 해결할 수 있었다. 창조의 순간을 고려할 때, 먼 별의 빛이 우리한테 도달하려면 137억 년은 걸려야 한다. 해서 우리가 보는 별과 은하는 그 빛이 우리한테 오는 데 137억 년 미만으로 걸릴 만큼 가까운 별과 은하 들뿐이다. 우주에 있는 대부분의 별과 은하는 아주 멀리 떨어져 있고, 그것들의 빛은 우리한테 오는 데 137억 년 이상 걸린다. 이런 천체들의 빛은 아직도 지구로 오는 중이다.

따라서 밤하늘이 어두운 주된 이유는 우주에 존재하는 대다수 천체의 빛이 아직 우리에게 도달하지 않았기 때문이다. 인류 역사가 시작된 이래로 우주에 시작이 있었다는 사실이 어두운 밤하늘의 형태로 우리를 또렷이 응시하고 있는 셈이다. 우리는 정말이지 너무나 어리석어서 그 사실을 깨닫지 못했을 뿐이다.

물론 우리가 10억 년을 더 기다리면 빛이 지구까지 오는 데 147억 년이 걸릴 만큼 먼 별과 은하를 보게 될 것이다. 당연히 더 많은 별과 은하에서 방출되는 빛이 우리에게 도달하게 될 미래를 우리가 수조 년 후까지 살 수 있다면 밤하늘이 빨갛게 보일지 하는 문제가 대두된다. 그 대답은 아니올시다, 이다. 케플러와 올버스의 추론은 부정확한 가정에 기초하고 있다. 부정확하다니? 그들은 별이 영원히 살 거라고 가정했다. 사실을 말하자면 가장 오래 사는 별들조차 약 1,000억 년이면 가진 연료를 소진하고 사그라진다. 충분한 양의 빛이 지구에 도달해 하늘을 벌겋게 물들이기 오래 전에 이런 일이 일어나는 것이다.

어둠물질

빅뱅은 엄청나게 많은 난점을 해명해 준다. 그럼에도 불구하고 빅뱅에는 심각한 문제들이 도사리고 있다. 한 예로, 우리 은하(은하수) 같은 은하들이 어디서 왔는지를 알기가 어렵다.

　빅뱅의 불덩어리에는 물질의 입자들과 빛이 섞여 있었다. 그 물질이 빛에 영향을 미쳤을 것이다. 예를 들어, 물질이 응축되어 덩어리가 되었다면 빅뱅의 잔광에서 그 사실을 확인할 수 있을 것이다. 오늘날의 하늘처럼 균일하지 않고 일부는 다른 일부보다 더 밝을 것이다. 잔광이 전체 하늘에서 균일하다는 사실은 빅뱅이 진행되던 불덩어리 속의 물질이 극단적으로 매끄럽게 사방팔방으로 퍼져나갔으리라는 뜻이다. 그러나 우리는 물질이 완벽할 정도로 매끄럽게 퍼져나갈 수 없음을 알고 있다. 요컨대 오늘날의 우주는 여기저기에서 덩어리져 있다. 별들로 구성된 은하와 은하단과 광막한 허공의 우주 공간이 펼쳐져 있는 것이다. 그러므로 다음과 같이 추론할 수 있다. 우주 공간 전체에 매끄럽게 분포하던 물질이 어느 시점에 덩어리지기 시작한 것이 틀림없다고 말이다. 이 과정 역시 우주 배경복사에서 확인할 수 있어야 했다.

　실제로 1992년에 나사의 우주 배경복사 탐사선 코브(COBE)가 빅뱅의 잔광 속에서 아주 미세한 광도 변화를 발견했다. 탐사 연구에 참여한 과학자 가운데 한 명은 이 우주선(線)의 잔물결을 '신의 얼굴'이라고 표현했다. 참으로 독창적이고 생생한 비유라고 하지 않을 수 없다. 우리는 그 광도 변화를 통해 빅뱅이 있고 약 45만 년 후에 우주의 일부 구역들이 다른 곳들보다 1,000분의 2~3퍼센트 더 밀도가 높아졌음을 알았다. 이렇게 겨우 확인된 물질 덩어리가 구조 형성의 '씨앗'(중핵)으로 작용해 커지면서 오늘날의 우주에서 볼 수 있는 거대한 은하단들을 만들었다. 그러나 문제가 하나 있다.

물질 덩어리가 더 큰 물질 덩어리로 성장할 수 있는 것은 중력 때문이다. 한 구역이 주변 구역보다 조금이라도 더 많은 물질을 가지면 그곳의 중력이 더 강할 테고 자연스럽게 주변에서 더 많은 물질을 끌어당기게 된다. 부자는 더 부유해지고 가난한 사람은 더 가난해지는 것과 꼭 같다. 우주에서도 밀도가 더 높은 구역은 계속해서 밀도가 증가해, 결국 오늘날 우리가 주변에서 볼 수 있는 은하들이 되었다. 문제는 코브 위성이 확인한 미세한 물질 덩어리를 바탕으로 계산하면, 중력이 오늘날 볼 수 있는 은하를 만들기에는 137억 년이 턱없이 부족한 시간이었다는 데 있었다. 미세한 물질 덩어리가 은하로 성장하려면 보이는 별들과 연결할 수 있는 양보다 훨씬 더 많은 물질이 우주에 존재해야만 했다.

실제로 실종된 물질이 있음을 알려주는 유력한 증거가 가까운 곳에 있었다. 우리 은하 같은 나선 은하는 별들의 거대한 소용돌이라고 할 수 있다. 이런 은하의 별들이 중심을 주위로 아주 빠르게 회전하고 있음이 밝혀졌다. 당연히 그 별들은 은하간(間) 우주로 날아가야 한다. 회전목마가 너무 빨리 회전할 때 거기 탄 당신이 팽개쳐지는 원리와 똑같다. 천문학자들은 우리 은하 같은 나선 은하들이 별들로 관측할 수 있는 것보다 약 10배 더 많은 물질을 포함하고 있다는 비상한 설명을 들고 나왔다. 그게 무엇인지는 아무도 모른다. 그러나 별들의 궤도를 유지하고, 그것들이 은하간 우주로 날아가 버리는 것을 막는 것은 바로 이 어둠물질의 추가 중력이다.

만약 전체 우주가 보통 물질보다 10배 더 많은 어둠물질을 포함하고 있다면 코브 위성이 관측한 물질 덩어리가 우주 탄생 이후 137억 년 동안 오늘날의 은하단으로 전환되기에 충분한 추가 중력이 확보된다. 그렇게 해서 빅뱅이라는 모형이 무너지지 않고 버틸 수 있게 됐다.* 그 대가로 우리는 엄청난 양의 어둠물질을 추가해야만 했다. 아무도 그 정체를 모르는 대상을 말이다. 더글러스 애덤스는 『대체로 무해함』(*Mostly Harmless*)에서 이렇게 말한다. "우주의 소위 '실종된 물질'이 어디에 짱박혔는지를 놓고 오랜 세월 많은 추측과 다툼이 있었다. 은하계에 있는 모든 주요 대학의 과학 학과들이 정교한 장비를 추가로 획득해 먼 은하들의 심장부, 나아가 전체 우주의 중심과 주변을 탐사했다. 마침내 그 정체를 규명할 수 있게 됐다. 그런데 웬 일? 실종된 물질이 실은 관측 장비 포장재였다!"

인플레이션

표준 빅뱅 모형이 물질이 은하로 응축하는 데 필요한 시간을 충분히 제공하지 않는다는 사실만 문제가 되는 것은 아니다. 더 심각하다고 할 수 있는 문제가 또 있다. 그 문제는 우주 배경복사의 매끄러움과 관계가 있다.

열이 뜨거운 물체에서 차가운 물체로 이동하면 온도가 같아진다. 예

---

* 실제로는 어둠 물질이 보통 물질보다 약 6~7배 더 많을 것으로 여긴다. 별들이 보통 물질의 절반 정도만을 차지하기 때문이다. 은하들 사이에서 어둑한 기체 구름의 형태로 존재할 것으로 여겨지는 나머지는 아직 확인되지 않았다.

를 들어, 당신이 차가운 손으로 뜨거운 물병을 쥐면 두 물체의 온도가 같아질 때까지 열이 병에서 손으로 이동한다. 우주 배경복사는 기본적으로 온도가 전부 같다. 초기 우주가 성장하는 과정에서 일부 구역이 다른 구역보다 온다가 낮으면 언제나 열이 더 뜨거운 곳에서 차가운 곳으로 흘러 온도가 같아졌다는 얘기인 셈이다.

팽창하는 우주가 거꾸로 수축하는 경우를 상상해 보면 문제가 확연해진다. 거꾸로 돌리는 영화 화면을 떠올려 보라. 우주 배경복사가 마지막으로 물질을 만난 시기인 대폭발 후 45만 년에는 오늘날 하늘의 반대편에 있는 우주의 구역들이 너무 멀리 떨어져 있어서 열이 한 곳에서 다른 곳으로 흐를 수 없었다. 열이 흐를 수 있는 최대 빠르기는 빛의 빠르기이고, 당시 우주가 존재해 온 45만 년도 충분히 오랜 시간이 아니었다. 그렇다면 오늘날 우주 배경복사는 모든 곳에서 어떻게 온도가 같은 것일까?

물리학자들이 다시 한 번 비상한 대답을 들고 나왔다. 초기 우주가 거꾸로 돌리는 영화가 시사하는 것보다 훨씬 더 작기만 하다면 열이 우주 전역에서 이리저리 흐를 수 있고, 그렇게 해서 온도가 같아질 수 있다는 제안이었다. 구역들이 예상보다 훨씬 더 밀집되어 있다면 열이 뜨거운 곳에서 차가운 곳으로 흐를 수 있는 시간이 충분히 제공되어 온도가 같아졌으리라는 것이다. 요컨대 우주가 이른 시기부터 훨씬 더 작았다면 순간적으로 급성장해 현재의 크기가 되었음에 틀림없다는 얘기이다.

인플레이션 이론에 따르면 우주는 탄생 직후 눈 깜짝할 사이에 "부풀었다." 놀랄 만큼 맹렬하게 팽창했다는 얘기다. 진공의 기묘한 특성이 그 팽창을 가능케 했다. 솔직히 얘기하면 물리학자들도 아직 이 점에 대해 잘 모른다. 요점은 엄청나게 빠른 속도로 팽창이 일어났다는 것이다. 그 과정에서 급속한 속도로 활력이 사라졌고, 이후로는 우리가 오늘날 목격하는

모자에서 토끼를 꺼내는 궁극의 마술

보다 차분한 팽창이 진행 중이다. 표준 빅뱅 모형의 팽창이 다이너마이트의 폭발과 유사하다면 인플레이션은 핵폭발에 비유할 수 있다. 인플레이션 이론의 개척자 앨런 거스는 이렇게 말한다. "표준 빅뱅 이론은 뭐가 폭발했는지, 왜 폭발했는지, 폭발하기 전에 무슨 일이 있었는지와 관련해 알려주는 게 아무 것도 없다." 인플레이션 이론은 적어도 이런 문제들을 해명해 보려는 시도라고 할 수 있다.

인플레이션 이론과 어둠물질을 덧붙이면 빅뱅 이론을 구해 낼 수 있다. 실제로 요즘은 천문학자들이 빅뱅을 언급할 때면 빅뱅과 인플레이션과 어둠물질을 얘기하고 있다고 봐도 무방하다. 그러나 인플레이션과 어둠물질은 빅뱅만큼 기초가 탄탄한 개념이 아니다. 우리가 확실히 아는 것은 우주가 뜨겁고 조밀한 상태에서 출발했으며, 그 이후로 팽창하면서 냉각 중이라는 사실이다. 이것이 빅뱅의 시나리오이다. 인플레이션이 있었다는 것은 여전히 확실하지 않다. 아직 아무도 어둠물질의 정체를 확인하지 못했다.

인플레이션 이론의 장점 가운데 하나는 그게 오늘날의 우주에 존재하는 은하 같은 형성물의 기원을 어느 정도 설명해 준다는 점이다. 이런 구조물이 만들어지려면 우주 발생의 초기 단계에 모종의 비균질성이 존재해야 한다. 소위 말하는 양자 요동이 그런 원시적 울퉁불퉁함을 야기할 수 있다. 기본적으로 미시 물리학의 법칙들은 매우 작은 구역의 공간과 물질을 끊임없이 뒤흔들 수 있다. 냄비에서 끓는 물을 생각하면 된다. 고밀도의 물질에서 일어나는 이런 요동은 하찮은 수준이다. 오늘날의 원자들보다 훨씬 더 작은 것이다. 그러나 인플레이션으로 공간이 경이적인 수준으로 팽창하면서 실제로 양자 요동이 강화되었을 것이다. 현저한 크기로 확대되는 것이다. 오늘날의 우주에서 가장 큰 구조물인 은하단이 원자보다 더 작은 "씨앗"에서 자랐을지도 모른다는 것은 참으로 이상야릇하다!

그러나 인플레이션 이론은 우리 우주와 관련해 사실과 부합하지 않는 듯한 내용을 예측한다. 현재 우주는 팽창하고 있다. 그러나 우주에 존재하는 모든 물질의 중력이 그 팽창에 제동을 건다. 가능성은 두 가지다. 결국에 가서는 그 팽창이 느려지다가 역전될 만큼 우주에 물질이 충분할 가능성이 그 하나요, 물질이 불충분해 계속해서 영원히 팽창하는 게 나머지 하나다. 첫 번째 시나리오는 우주가 빅크런치(Big Crunch)로 수축 붕괴할 것이라고 예측한다. 빅크런치란 우주가 탄생한 빅뱅의 거울상이라고 할 수 있다. 인플레이션 이론은 우주가 이 두 가지 가능성 사이의 아슬아슬한 고비에서 균형을 잡을 것으로 예측한다. 우주가 계속해서 팽창하지만 시종일관 감속 중이며, 결국 미래 어느 시점에선 활력을 잃고 정체할 것이라는 내용이다. 이런 일이 일어나려면 우주가 임계 질량이라고 하는 것을 가져야만 한다. 문제는 가시 물질과 어둠물질 등 우주에 있는 물질을 전부 더해도 임계 질량의 약 3분의 1에 불과하다는 사실이다. 인플레이션 이론은 성공할 가망이 없는 개념처럼 보였다. 1998년에 세상을 깜짝 놀라게 하는 발견이 이루어질 때까지는 정말이지 그래 보였다.

어둠에너지

두 연구진이 먼 은하의 '초신성'—폭발하는 별—을 관측하고 있었다. 하나는 미국인 솔 펄머터가, 다른 하나는 호주인 닉 선체프와 브라이언 슈미트가 이끌었다. 초신성은 자신이 탄생한 은하보다 밝게 빛나는 경우가 많아서 엄청나게 먼 우주에서도 관측할 수 있는 폭발 중인 별이다. 두 천문학 연구진이 관측 중이던 초신성은 Ia형 초신성이라는 종류였다. 이들 초신성은 폭발할 때 항상 동일한 최고점의 광도로 빛을 발한다는 특성이 있다. 따라서 다른 것보다 더 희미한 초신성은 분명히 더 멀리 떨어져 있는 초신성이란 뜻이다.

그런데 더 멀리 떨어져 있는 초신성들이 지구와의 거리를 고려해서 계산한 결과보다 더 희미하다는 사실이 밝혀졌다. 이 사태를 어떻게 설명해야 한단 말인가? 초신성들이 폭발하면서 우주가 가속 팽창해 예상보다 더 멀리 떨어지도록 밀어붙였고, 그 결과 더 희미해 보인다는 게 가능한 유일한 설명이었다.

과학계에 폭탄이 떨어지고 말았다. 은하들에 영향을 미치는 힘은 그것들 사이의 중력의 상호 당김뿐이어야 했다. 그게 팽창을 가속하는 게 아니라 제동을 걸어야만 했다.

천체를 가속할 수 있는 것이라고는 공간이 유일했다. 공간이 텅 비어 있어서는 안 되었다. 이것은 모든 기대와 예상을 저버리는 사태였다. 거기에는 과학자 사회가 모르는 모종의 기묘한 물질이 포함되어 있어야만 했다. 중력에 대항하면서 은하를 산산이 흩어놓는 일종의 우주 척력을 행사하는 실체를 물리학자들은 '어둠에너지'라고 명명했다.

물리학자들은 어둠에너지가 존재한다는 사실에 어찌할 바를 몰랐다. 그들이 구비한 최고의 이론인 양자 역학은 펄머터가 관측한 것보다 10^{123}배 더 큰 허공과 결부된 에너지를 예측한다! 노벨상 수상자 스티븐 와인버그는 이 사태를 "대규모 추정으로써 과학의 역사에서 볼 수 있는 최악의 실패 사례"라고 썼다.

사태가 이렇게 당혹스럽기는 했어도 어둠에너지에는 적어도 한 가지 바람직한 결론이 담겨 있었다. 인플레이션이 우주에 임계 질량을 갖도록 요구하지만 우주에 있는 물질을 다 합해도 임계 질량의 3분의 1밖에 되지 않았다는 사실을 기억하는가? 아인슈타인이 알아냈듯이 모든 형태의 에너지는 사실상 질량이다. 이 명제는 어둠에너지에도 적용된다. 실제로 어둠에너지가 임계 질량의 약 3분의 2를 차지한다는 사실이 밝혀졌다. 그렇다면 우주는 정확히 임계 질량을 갖게 되는 셈이다. 이것은 인플레이션 이론이 예측한 바와도 부합한다.

어둠에너지의 정체를 아는 사람은 아무도 없다. 하지만 그게 아인슈타인이 제안한 빈 공간의 척력과 관련될 수도 있을 것이다. 과학에서는 모든 내용이 아인슈타인에서 시작해 아인슈타인에서 끝나는 것 같다. 그의 최대 실수가 이번에는 최대 성공으로 변신해 돌아올른지도 모를 일이다.

빅뱅 이론은 큰 성공을 거두었다. 그러나 이 이론이 기본적으로 우리 우주가 어떻게 초고밀도, 초고온 상태에서 오늘날의 상태로 진화했는지—아울러 은하와 별과 행성 들의 진화를—를 기술하는 한 가지 설명 방식일 뿐임을 강조할 필요가 있겠다. 이 모든 게 어떻게 시작되었는지는 여전히 신비에 쌓여 있다.

특이점과 그 너머

거꾸로 돌아가는 영화처럼 우주의 팽창이 역진하는 상황을 다시 떠올려 보자. 우주가 한 개의 점으로 수축되면 그 물질들이 한없이 압축되어 그 어느 때보다 더 뜨거울 것이다. 실제로 이 과정에 한계는 없다. 우주가 팽창을 시작한 시점에, 다시 말해 우주 탄생의 순간에 우주는 무한대의 밀도에, 무한대로 뜨거웠다. 물리학자들은 무언가가 무한대로 비상하는 시점을 특이점이라고 부른다. 표준 빅뱅 모형에 따르면 그래서 우주는 특이점에서 탄생했다.

아인슈타인의 중력 이론이 특이점을 예상하는 다른 곳으로 블랙홀의 중심이 있다. 이 경우에는 파멸적으로 오그라드는 별의 물질이 결국 부피 0으로 압축되어, 무한대의 밀도와 무한대의 고온 상태가 된다. 누군가가 한 말처럼, "블랙홀은 신이 0으로 나눗셈하는 곳이다."*

특이점은 어리석은 개념이다. 물리학 이론에서 이런 터무니없는 것이 튀어나왔다면 이론에 결함이 있는 것이다. 여기서는 당연히 아인슈타인의 중력 이론이겠고. 우리는 이 세계를 조리 있게 설명해 주는 영역 너머로까지 아인슈타인의 중력 이론을 확장해 버렸다. 이게 그렇게 놀라운 일은 아니다. 일반상대성이론은 아주 큰 것을 다루는 이론이다. 그러나 가장 이른 시기의 우주는 원자보다 더 작았다. 원자 영역을 다루는 이론은 양자이론이다.

20세기 물리학의 기념비적 업적인 이 두 가지 이론은 통상 겹치지 않는다. 그러나 블랙홀의 중심과 우주 탄생에서는 두 이론이 충돌한다. 우주가 어떻게 탄생했는지를 이해하려면 아인슈타인의 중력 이론보다 대상 실재를 더 잘 기술해 주는 이론을 찾아내야 한다. 우리에게는 양자 중력 이론이 필요하다.

이런 이론을 찾아내는 것은 만만찮은 과제이다. 일반상대성이론과 양자이론이 근본적으로 양립 불가능하기 때문이다. 앞 세대의 모든 물리학 이론처럼 일반상대성이론도 미래를 예측해 주는 비책이었다. 행성이 지금 여기 있다면 하루 후엔 이런 경로를 따라 저기 가 있을 테다, 하는 식으로. 이 모든 사태를 100퍼센트 정확하게 예측할 수 있다. 그러나 양자이론

---

* 블랙홀의 중심과 빅뱅에 존재하는 특이점들 사이에는 사실 미묘한 차이가 있다. 앞엣것은 공간 특이점이고, 뒤엣것은 시간 특이점이다.

은 확률을 예측하는 이론이다. 원자가 공간을 운동 중일 때 우리가 예측할 수 있는 거라곤 개연성 높은 최종 위치와 경로뿐이다. 그렇게 양자이론은 반석과도 같은 일반상대성이론을 허물어 버린다.

지금도 물리학자들은 이 잡힐 듯 잡히지 않는 양자 중력 이론을 다양한 경로로 모색하고 있다. 가장 많이 알려진 게 초끈이론이라는 데에는 의심의 여지가 없다. 초끈이론은 물질의 근본적 구성 요소가 점 입자가 아니라 아주 작은 '끈' 조각이라고 본다. 초고밀도의 질량-에너지인 그 끈이 바이올린 줄처럼 진동하고, 각각의 진동 '방식'이 전자나 광자 같은 기본 입자에 대응한다고 보는 것이다.

끈이론이 자동으로 모종의 중력을 포함한다는 사실에 끈이론가들은 흥분하고 있다. 끈이론의 끈들이 10차원 세계에서 진동한다는 게 살짝 귀찮기는 하다. 이 말은 추가로 여섯 개의 공간 차원이 존재해야 한다는 의미인 바, 너무 작아서 우리가 도저히 인식할 수 없는 세계이기 때문이다. 이것 말고도 문제가 또 있다. 끈이론에는 엄청나게 복잡한 수학이 동원된다. 그래서 지금까지는 검증 가능한 끈이론으로 현실을 예측하는 게 불가능하다. 우리가 양자 중력 이론이라는 고지에 얼마만큼 다가섰는지는 아무도 모른다. 그러나 양자 중력 이론이 없다면 우주의 시원을 탐색하는 그 감질 나는 마지막 발걸음을 전혀 내딛을 수 없다. 그러나 이 경로를 따라 일어나야만 하는 사태의 일부는 아주 분명하다.

우주 팽창의 역진 상황을 다시 생각해 보자. 처음에는 우주가 모든 방향에서 동일한 속도로 수축한다. 이것은 우주가 모든 방향에서 상당히 똑같기(등방성) 때문이다. 그러나 상당히 똑같다고 해서 완전히 똑같지는 않다. 틀림없이 은하가 조금이라도 더 많은 방향이 있을 것이다. 수축의 초기 단계에서는 이런 불균형이 별다른 영향을 미치지 못한다. 그러나 우주가 부피 0으로 수축하면 물질의 이런 비균질성이 그 어느 때보다 확대된다. 이렇듯 물체가 부피 0으로 수축하는 붕괴의 최종 단계는 대혼란이다. 휜 시공간인 중력은 유입되는 물체가 특이점에 접근하는 방향에 따라 격렬하게 변동한다.

특이점에 가까울수록 시공간의 비틀림은 격렬해지고, 시간과 공간은 산산조각 나 무수한 조각으로 분해된다. '과거'와 '미래' 같은 개념들은 이제 의미를 상실한다. '거리'와 '방향' 같은 개념들도 마찬가지다. 뿌연 안개가 시야를 가린다. 불가사의한 양자 중력의 세계가 거기 싸여 있다. 거기서 우리를 안내해 줄 이론은 아직까지 존재하지 않는다.

그러나 그 안개 깊숙한 곳에 과학계의 최고 난제들을 해명해 주는 답이 도사리고 있다. 우주는 어디에서 왔는가? 우주는 왜 137억 년 전에 빅뱅으로 탄생했는가? 만약 있다면 빅뱅 이전에는 무엇이 존재했는가?

우리가 아주 작은 것을 다루는 이론과 아주 큰 것을 다루는 이론을 융합하는 데 성공하면 이들 질문에 답할 수 있을 것이다. 그런 다음에는 한 발더 나아가 궁극의 질문과 대면하게 될 것이다. 어떻게 없음에서 있음이 창조되었을까? 요슈타인 가아더는 『소피의 세계』에서 이렇게 썼다.

"돌을 집어 드는 것만으로도 충분하다. 우주가 오렌지만 한 돌 한 개로 구성되어 있었다 해도 우리는 여전히 이해할 수 없었을 것이다. 그 문제는 이 돌이 어디서 왔느냐는 질문만큼이나 어려우므로."

용어 해설

기본적인 힘 fundamental force | 모든 현상의 근저에 존재한다고 생각되는 4가지 기본적인 힘. 중력, 전자기력, 강한 핵력, 약한 핵력이 그것들이다. 물리학자들은 이들 힘이 사실상 단 한 개 초력(superforce)의 국면들일 것이라고 추정한다. 실제로 여러 실험에 의해 전자기력과 약한 핵력이 같은 동전의 다른 면임이 밝혀졌다.

가상 입자 virtual particle | 아주 짧은 시간 동안만 존재하는 아원자 입자. 하이젠베르크의 불확정성원리가 부여한 제약에 따라 존재했다가 곧바로 다시 사라진다.

간섭 interference | 서로를 통과하는 두 개의 파동이 섞이는 것으로, 마루들이 일치하면 강화되고, 마루와 골이 일치하면 상쇄된다.

간섭 무늬 interference pattern | 두 개의 광원에서 나오는 빛이 스크린을 비출 때 관찰할 수 있는 밝고 어두운 줄무늬. 두 개의 광원에서 나오는 빛이 스크린의 특정 지점에서는 강화되고, 다른 지점에서는 상쇄되기 때문에 이런 간섭 무늬가 생긴다.

강한 핵력 strong nuclear force | 원자 핵 내부에서 양성자와 중성자를 결합해 주는 강력한 힘으로, 단거리에서만 작용한다.

개기일식 total eclipse of the sun | 달이 태양과 지구 사이에 끼어들 때 달의 원반이 태양을 가리는 현상.

결흐트러짐 decoherence | 물체가 동시에 여러 다른 장소에 존재하는 게 아니라 한 장소에 배치되도록 해, 그 기묘한 양자적 특성을 파괴하는 메커니즘. 외부 세계가 물체를 '인식'하게 되면 결흐트러짐이 발생한다. 물체에서 반사되는 공기 분자나 광자 한 개로도 그 인식 내용이 바뀔 수 있다. 탁자처럼 커다란 물체는 광자와 공기 분자의 타격을 지속적으로 받아 주변 환경과 오랫동안 격리될 수 없기 때문에 아주 짧은 시간 동안이라도 동시에 다른 여러 장소에 존재할 수 있는 능력을 상실하는 것이다.

고전물리학 classical physics | 비양자 물리학. 독일의 물리학자 막스 플랑크가 에너지는 불연속적인 양, 곧 양자적으로 존재할지도 모른다고 처음 제안한 1900년 이전의 모든 물리학이 사실상 고전 물리학이다. 아인슈타인은 그 개념이 이전의 모든 물리학 내용과 양립할 수 없다는 것을 깨달은 최초의 인물이다.

공간이동 teleportation | 원격 이동. 얽힘을 교묘하게 활용해 소립자의 정확한 상태를 규명하는 것. 하이젠베르크의 불확정성원리가 허용하는 바를 명백히 위반하는 것이다. 이를 통해 입자의 상태를 복원하는 데 필요한 정보를 원격 전송할 수 있다.

관성 inertia | 운동 상태의 물체가 휘어지지 않은 공간에서는 직선으로, 휘어진 공간에서는 측지선을 따라 등속으로 계속해서 그 운동 상태를 유지하려는 경향. 관성의 원인을 아는 사람은 아무도 없다.

관성력 inertial force | 관성에서 기인한 운동을 설명하기 위해 우리가 고안해 낸 힘. 원심력이 좋은 예이다. 모퉁이를 도는 자동차에서 우리를 밖으로 내던 지는 힘 같은 건 없다. 다만 관성으로 인해 우리는 계속해서 직선으로 운동하 고, 자동차는 구부러진 경로를 따라 운동하기 때문에 차의 내부가 우리를 가 로막는 것뿐이다.

관측 가능한 우주 observable universe | 우리가 우주 위로 내다 볼 수 있는 모 든 것.

광년 light-year | 우주에서 거리를 표현하는 편리한 단위. 빛이 진공에서 1년 동 안 이동한 거리로, 9조 4,600만 킬로미터이다.

광도 luminosity | 별과 같은 천체가 매초 당 공간에 투사하는 빛의 총량.

광속 불변 constancy of light | 우주에서는 빛의 속도가 진공에서 광원의 속도나 관측자의 속도와 무관하게 항상 동일하다는 원리. 아인슈타인이 제창한 특수상 대성이론의 두 주춧돌 가운데 하나다. 나머지 하나는 상대성의 원리이다.

광자 photon | 빛의 입자.

광전효과 photoelectric effect | 금속에 광자를 쏘아 주면 표면에서 전자가 튀 어나오는 현상.

광전지 photocell | 광전효과를 실제로 이용하는 장치. 물체가 금속에 떨어지는 광선을 차단할 때 발생하는 전류의 중단을 활용해 무언가를 제어할 수 있다. 슈 퍼마켓 출입구의 자동문이 그런 예다.

기본입자 elementary particle | 모든 물질의 기본적 구성 입자. 현재 물리학자 들은 6개의 쿼크와 6개의 렙톤이 존재하고, 가장 근본적인 입자일 것으로 믿

고 있다.

끈이론 string theory | 초끈이론(superstring theory)을 보라.

뉴턴의 중력 법칙 Newton's law of gravity 모든 물체가 공간에서 서로를 잡아당
긴다는 법칙. 그 힘의 크기는 두 물체의 질량의 곱에 비례하고, 두 물체 사이의
거리 제곱에 반비례한다. 다시 말해, 물체들 사이의 거리가 2배가 되면 힘은 4
배 약해지고, 3배가 되면 9배 약해진다. 뉴턴의 중력 이론은 일상에 적용해 보
면 완벽하게 들어맞지만 근삿값일 뿐이라는 게 밝혀졌다. 아인슈타인이 일반
상대성이론으로 개선된 체계를 제공했다.

다중 세계 many worlds | 양자이론은 한 개의 원자가 동시에 두 곳에 존재하
는 것을 허용한다. 따라서 탁자도 동시에 두 곳에 있을 수 있다. 결국 다중 세
계 이론에 따르면 탁자를 관측하는 사람의 마음도 두 개로 나뉜다. 탁자가 한
곳에 존재한다고 인식하는 마음과 탁자가 다른 곳에 존재한다고 인식하는 다
른 마음으로 말이다. 두 개의 마음이 별도의 실재로 개별적인 우주 속에 존재
하는 것이다.

다중 우주 multiverse | 우리 우주가 확연하게 구별되는 수많은 개별 우주들 가
운데 한 개일 뿐이라는 가설적 우주 확장 개념. 대부분의 우주는 죽어 버려서,
재미가 없다. 가능한 물리법칙 중에서 미세한 조합 속에서만 별과 행성과 생
명을 탄생시킨다.

닫힌 시간 경로 closed time-like curve; CTC | 시공간이 아주 극적으로 구부러진
영역. 육상 경기장 트랙이 동그랗게 그려진 것처럼 시간이 고리 모양으로 폐쇄
된다. 일반적인 용어로 얘기하자면 CTC는 타임머신이다. 현재까지 발견되어
인정받는 물리 법칙들은 CTC의 존재를 허용한다.

도체 conductor | 전류가 흐를 수 있는 물질.

동시성 simultaneity | 한 사람에게 동시에 발생한 것처럼 보이는 사건들이 우주의 모든 이에게도 동시에 발생한 것처럼 보여야 한다는 생각. 특수상대성이론은 이 생각이 틀렸음을 입증한다.

동위원소 isotope | 원소의 존재 가능한 한 형태. 동위원소는 상이한 질량수로 구분한다. 이를 테면, 염소는 질량수 35와 37의 동위원소를 2개 갖는다. 질량수가 다른 것은 원자핵 내부에 존재하는 중성자의 수가 다르기 때문이다. 예를 들어, 염소-35에는 중성자가 18개, 염소-37에는 중성자가 20개 들어 있다. (둘 모두의 양성자 수는 17개로 동일하다. 양성자 수가 같기 때문에 원소의 동일성이 유지되는 것이다.)

등가원리 principle of equivalence | 중력과 가속도를 구별할 수 없다는 원리.

라듐 radium | 매우 불안정한 방사성 원소로 1898년 마리 퀴리가 발견했다.

람다점 lambda point | 액체 헬륨이 초유체로 바뀌는 온도.

레이저 laser | 광자의 사교성──보존──이 두드러지는 빛. 구체적으로, 더 많은 광자가 물질을 통과할수록 다른 원자들이 동일한 특성을 갖는 광자들을 방출할 가능성이 더 많아진다는 얘기이다. 광자들의 사태가 있고 나서 그 결과로서, 결이 맞는 아주 많은 수의 광자들이 방출된다.

로렌츠 수축 Lorentz contraction | '관측자'와 관련해 움직이는 물체가 수축하는 현상. 관측자는 물체가 운동하는 방향으로 수축하는 것을 보게 된다. 물체가 관측자와 관련해 빛의 속도에 근접해 운동할 때에만 그 효과를 확인할 수 있다.

맥스웰의 전자기 방정식 Maxwell's equations of electromagnetism | 제임스

클러 맥스웰이 1868년에 작성한 몇 줄의 우아한 방정식으로, 모든 전기 현상과 자기 현상을 산뜻하게 요약하고 있다. 이 방정식으로 빛이 전자기파임이 밝혀졌다.

물리 법칙 laws of physics | 우주의 작용을 조정하는 근본 법칙(들).

뮤온 muon | 수명이 아주 짧은 아원자 입자로 아주 무거운 전자처럼 작용한다.

밀도 density | 물체의 질량을 그 부피로 나눈 값. 공기는 밀도가 작고 철은 밀도가 크다.

반감기 half-life | 방사성 시료의 핵이 절반으로 붕괴하는 데 걸리는 시간. 반감기를 한 번 거치면 원자가 절반 남게 된다. 반감기를 두 번 거치면 4분의 1이, 세 번 거치면 8분의 1이 남게 될 것이다. 반감기는 몇 분의 1초에서 수십억 년에 이르기까지 다양하다.

반물질 antimatter | 반입자들의 합성물을 가리키는 용어. 실제로 반양성자, 반중성자, 양전자들이 결합해 반원자를 만들 수 있다. 원리상 반항성, 반행성, 반생물의 가능성을 전혀 배제할 수 없다. 물리학 최대 미스터리 가운데 하나는, 물리 법칙이 물질과 반물질의 50대 50 혼합을 상당한 정도로 예견하고 있음에도 우리가 물질로만 이루어진 우주에서 살고 있는 것 같다는 점이다.

반입자 antiparticle | 모든 아원자 입자는 전하처럼 정반대 특성을 띠는 관련 반입자를 갖는다. 이를 테면, 음으로 하전된 전자는 양전자라고 하는 양으로 하전된 반입자와 짝을 이룬다. 입자와 반입자가 만나면 고에너지의 빛, 곧 감마선을 방출하면서 소멸한다.

방사능 radioactivity | 방사성 붕괴가 일어나는 원자들의 특성.

방사성 붕괴 radioactive decay | 무겁고 불안정한 원자핵이 가볍고 더 안정된 원자핵으로 붕괴하는 현상. 이 과정에서 알파 입자나 베타 입자, 혹은 감마선이 방출된다.

백색왜성 white dwarf | 연료가 고갈된 상태에서, 중력에 의해 지구 크기만하게 압축된 별. 백색왜성이 더 이상 수축되는 것을 막아주는 게 바로 전자 졸드름(축퇴압)이다. 각설탕 크기의 백색왜성 물질은 무게가 무려 자동차 1대 정도에 이른다.

별 star | 거대한 기체 공으로, 중심부에서 생성되는 핵에너지를 수단으로 우주 공간에 열을 공급한다.

보즈-아인슈타인 응축 Bose-Einstein condensation | 물체를 구성하는 모든 소립자들이 동일한 상태로 응축되는 현상. 입자들은 보존이어야만 하고, 온도는 일반으로 아주 낮아야만 한다. 예를 들어, 헬륨 원자는 섭씨 영하 271도 이하에서 동일한 상태로 응축되어, 액체 헬륨인 초유체로 바뀐다.

보존 boson | 정수 스핀, 다시 말해 0, 1, 2 등등의 유닛을 갖는 소립자. 보존 입자는 그 스핀 덕택에 아주 사교적이며, 레이저·초유체·초전도체와 같은 집합적 행동 현상에 가담한다.

보일의 법칙 Boyle's law | 기체의 부피가 압력에 반비례한다는 법칙. 다시 말해, 압력을 두 배로 증가시키면 부피는 반으로 준다.

보존 법칙 conservation law | 물리량이 결코 바뀔 수 없다는 사실을 표현한 물리 법칙. 이를 테면, 에너지 보존의 법칙은 에너지가 창조되거나 파괴되지 않으며, 한 형태에서 다른 형태로 바뀔 뿐이라고 얘기한다. 예를 들어, 휘발유의 화학 에너지는 자동차의 운동 에너지로 전환될 수 있다.

부착 원반 accretion disc | 블랙홀처럼 강력한 중력원(源) 주위에서 만들어지는 원반 형태의 물질 소용돌이. 중심과의 거리가 멀어질수록 중력이 약해지기 때문에 원반 바깥 부분의 물질은 안쪽보다 더 느리게 선회한다. 상이한 속도로 움직이는 물질의 구역들 사이에서 마찰이 발생해, 원반에 수백만 도까지 열이 발생한다. 퀘이사가 경이적인 밝기를 자랑하는 것은 '초대형' 블랙홀 주위의 굉장히 뜨거운 부착 원반 때문이라고 추정된다.

분자 molecule | 전자기력으로 접착된 원자들의 집합. 탄소 원자 한 개는 다른 탄소 원자 및 기타 원자들과 결합해 다수의 분자를 만들 수 있다. 이런 이유로 화학자들은 분자를 '유기' 분자—탄소 기반 분자—와 '무기' 분자—그 나머지—로 나눈다.

불확정성 원리 uncertainty principle | 하이젠베르크의 불확정성의 원리(Heisenberg uncertainty principle)를 보라.

브라운 운동 Brownian motion | 더 작은 물체의 십자포화 속에서 큰 물체가 보이는 무작위적인 과민성 운동. 가장 대표적인 사례는 물속에서 지그재그로 움직이는 꽃가루 알갱이다. 물 분자가 지속적으로 꽃가루 알갱이를 타격한다. 식물학자 로버트 브라운이 1827년 발견했고, 아인슈타인이 1905년 득의양양하게 해명한 이 현상은 원자가 존재함을 알려주는 강력한 증거였다.

블랙홀 black hole | 물체가 자체의 거대한 중력으로 인해 한 점으로 수축될 때 남게 되는, 엄청나게 구부러진 시공간. 그 어느 것도, 빛조차도 탈출할 수 없다. 블랙홀이 검은 이유이다. 우주에는 확연하게 구분되는 적어도 두 종류의 블랙홀이 존재하는 듯하다. 아주 육중한 별이 더 이상 자체 열에너지를 생산할 수 없어 스스로를 짜부라뜨리는 중력과 평형 상태를 유지할 수 없을 때 만들어지는 항성 크기의 블랙홀과 '초거대' 블랙홀이 다른 한 종류이다. 대부분의 은하는 중심에 한 개의 초거대 블랙홀을 갖고 있는 듯하다. 초거대 블랙홀의 질량은 태양의 수백만 배에서 강력한 퀘이사에 존재하는 항성 질량의 수십억 배에

이르기까지 다양하다.

비국소성 nonlocality | 양자이론의 지배를 받는 대상들이 멀리 떨어져 있어도 서로의 상태를 계속해서 '알 수 있다'는 놀라운 능력.

빅뱅 big bang | 대폭발. 우주가 137억 년 전에 탄생했다고 여겨지는 강력한 폭발. 사실 엄격하게 보면, '폭발'은 잘못된 명칭이다. 빅뱅이 동시에 도처에서 발생했고, 우주가 폭발해서 탄생한 그 이전의 무(無)도 전혀 존재하지 않았기 때문이다. 공간, 시간, 에너지가 전부 빅뱅으로 탄생했다.

빅뱅 이론 big bang theory | 우주가 137억 년 전에 초고밀도의 초고온 상태에서 탄생해, 그 뒤로 식으면서 팽창하고 있다는 생각.

빅크런치 big crunch | 대격돌. 우주에 물질이 충분하다면 그 중력으로 언젠가는 우주의 팽창이 중단, 역전되어 빅크런치로 수축될 것이다. 일종의 빅뱅의 거울 이미지.

빛의 구부러짐 light bending | 중력에 의한 빛의 구부러짐(gravitational light bending)을 보라.

빛의 빠르기 speed of light | 광속. 우주의 최고 속도. 초속 30만 킬로미터.

사건의 지평선 event horizon | 블랙홀을 에워싸고 있는 한 방향 막. 물질이든 빛이든 일단 떨어지면 다시는 빠져나올 수 없다.

상대성 원리 principle of relativity | 물리학의 모든 법칙이 서로에 대하여 등속으로 운동하는 관측자들에게는 동일하다는 원리.

성간 공간 interstellar space | 별 사이. 별들 사이의 우주 공간.

성간 물질 interstellar medium | 별들 사이에 존재하는 희박한 기체와 먼지. 태양 부근에서는 이 기체가 1세제곱센티미터 당 수소 원자 1개를 포함하고 있다. 지구상에서 만들 수 있는 그 어떤 진공 상태보다 훨씬 더 나은 진공 상태라고 할 수 있다.

수성의 근일점 세차 precession of the perihelion of Mercury | 태양과 가장 가까운 행성인 수성의 궤도가 정직한 타원 궤도를 그리지 않고 근일점이 서서히 이동하는 타원 궤도를 따른다는 사실. 그에 따라 수성의 궤도는 장미꽃 무늬를 그린다. 태양의 중력이 거리가 멀어짐에 따라 타원 궤도를 예측하는 뉴턴 중력의 경우보다 더 천천히 약해지기 때문이다. 그리고 그렇게 되는 데에는 아인슈타인의 구상을 적용했을 때 중력 자체가 더 커다란 중력의 원천이기 때문이다.

수소 hydrogen | 자연계에 존재하는 가장 가벼운 원소. 수소 원자에서는 전자 1개가 양성자 1개의 궤도를 돈다. 우주에 존재하는 원자의 90퍼센트 가까이가 수소 원자이다.

수소의 연소 hydrogen burning | 수소가 헬륨으로 융합하면서 대량의 핵 결합 에너지가 방출된다. 태양과 대다수 별들의 동력원이다.

슈뢰딩거 방정식 Schrödinger equation | 아원자 입자를 기술해 주는 확률 파동, 다시 말해 파동함수가 시간과 함께 변하는 방식을 주관하는 방정식.

스펙트럼 spectrum | 빛이 자신을 구성하는 '무지개' 색깔로 분해된 것.

스펙트럼선 spectral line | 원자와 분자는 특유의 파장을 갖는 빛을 흡수하고 내뿜는다. 그것들이 방출하는 것보다 더 많은 빛을 흡수하면 천체의 스펙트럼이 어두운 선을 보여 준다. 반대로 흡수하는 것보다 많은 빛을 방출하면 스펙

트럼선이 밝다.

스핀 spin | 생활 세계에서는 비슷한 것을 전혀 찾을 수 없는 물리량. 대충 이야기해 보면, 스핀을 갖는 아원자 입자들은 회전하는 작은 팽이들과 비슷하다(그들이 실제로 돌고 있지 않다는 것만 빼고!)

시간 고리 time loop | 폐쇄된 시간 경로(closed time-like curve; CTC)를 보라.

시간 순서 보호 가설 chronology protection conjecture | 시간 여행이 불가능하다는 구속 개념. 아직까지는 아무도 증명해 내지 못했다. 실제로 물리 법칙은 시간 여행을 허용하는 듯하다. 그러나 스티븐 호킹과 같은 물리학자들은 아직까지 발견되지 않은 어떤 이름 모를 자연 법칙 때문에 타임머신이 불가능하다고 확신한다.

시간 여행 time travel | 과거나 미래로의 여행. 미래 여행의 경우 연간 1년 이상의 속도여야 한다.

시간 여행의 역설 time travel paradox | 시간 여행이 허용하는 것처럼 보이는 부조리한 상황. 누군가가 시간을 거슬러 올라가 자신의 어머니를 수태시키기 전에 할아버지를 살해하는, 할아버지 역설이 가장 유명하다. 그렇다면 그 누군가가 어떻게 태어나 시간을 거슬러 올라가고, 또 살인을 저지를 수 있겠는가?

시간 지연 time dilation | 빛의 속도에 근접해 운동하거나 강한 중력을 경험하는 관측자에게서 시간이 느리게 흐르는 현상.

시공간 space-time | 일반상대성이론에 따르면 시간과 공간은 기본적으로 동일한 것이다. 따라서 시간과 공간은 단일한 실체, 곧 시공간으로 취급된다. 시공간이 휘어진 것은 중력 때문이다.

쌍둥이(의) 역설 twin paradox | 누군가가 빛에 가까운 속도로, 예를 들어 알파

켄타우루스에 다녀오는 동안 그 쌍둥이 형제는 지구에 머무를 때 발생하는 역설. 특수상대성이론에 따르면 우주 공간을 여행하는 쌍둥이는 나이를 덜 먹는다. 그러나 또 다른 관점에서 보면 지구 역시 우주를 여행하는 쌍둥이한테서 빛에 가까운 속도로 멀어지므로, 결국 지구에 머무는 쌍둥이도 나이를 덜 먹게 된다. 두 가지 상황이 같지 않다는 걸 깨달으면 이 역설이 해결된다. 우주를 여행하는 쌍둥이는 알파 켄타우루스에서 유턴하는 시간을 기점으로 가속과 감속을 경험해야만 한다. 가속도에는 특수상대성이론이 아니라 일반상대성이론을 적용해야 한다.

아원자 입자 subatomic particle | 전자나 중성자처럼 원자보다 작은 입자.

알파 붕괴 alpha decay | 크고 불안정한 원자핵이 고속의 알파 입자를 방출해 더 가볍고 안정된 원자핵으로 바뀌는 현상.

알파 입자 alpha particle | 방사성 알파 붕괴를 통해 불안정한 원자핵에서 방출되는 헬륨 원자핵. 헬륨 원자핵은 양성자 2개와 중성자 2개가 결합되어 있다.

알파 켄타우루스 alpha centauri | 태양에서 가장 가까운 항성계. 이 항성계는 별 3개로 구성되어 있고, 거리는 4.3광년이다.

어둠물질 dark matter | 빛을 전혀 내뿜지 않는 우주 물질. 보이지 않는 미지의 중력이 별과 은하 들의 경로를 구부리기 때문에 어둠물질이 존재함을 알게 되었다. 우주에는 빛을 방출하는 보통의 물질보다 6~7배 더 많은 어둠물질이 존재한다. 어둠물질의 정체는 천문학의 미해결 문제이다.

어둠에너지 dark energy | 반발중력을 갖는 신비의 물질. 1998년에 뜻하지 않게 발견되었다. 보이지 않으며, 온 우주 공간을 채우고 있고, 은하들을 떨어뜨리면서 우주를 가속 팽창시키고 있는 것 같다. 그 정체를 아는 사람이 아무도 없다.

약력 weak force | 원자핵 내부에서 양성자와 중성자가 받는 두 번째 힘. 나머지 다른 힘은 강력이다. 약한 핵력은 중성자를 양성자로 바꿀 수 있고, 그 과정에서 베타 붕괴가 일어난다.

양성자 proton | 원자핵을 구성하는 두 개의 주요 요소 가운데 하나. 양성자는 전자의 음전하와 등가의 정반대인 양전하를 갖는다.

양자 quantum | 무언가를 나눌 수 있다고 할 때 가장 작은 덩어리. 이를 테면, 광자는 전자기장의 양자들이다.

양자 구분 불가능성 quantum indistinguishability | 두 가지 양자 사태를 구별할 수 없다는 원리. 이를 테면, 그 사태들에 동일한 입자들이 관여하기 때문에, 또는 그저 관측되지 않기 때문에 구별할 수 없을 것이다. 그러나 구별할 수 없는 사태와 연관된 확률 파동이 간섭한다는 사실이 중요하다. 그로 인해 온갖 종류의 양자 현상이 발생한다.

양자 예측불가능성 quantum unpredictability | 소립자들의 예측 불가능성. 원리적으로도 그것들의 행태를 예측할 수 없다. 이 특성을 동전 던지기의 예측 불가능성과 비교해 보자. 일상 세계에서 동전 던지기를 예측할 수 없는 것처럼 느껴지지만 만약 우리가 동전의 모양, 동전에 가해지는 힘, 주변의 기류 등등을 파악한다면 원리상 그 결과를 정확히 예측할 수 있을 것이다.

양자이론 quantum theory | 주변과 격리된 물체들을 기술하는 이론. 큰 물체는 격리시키기 어렵기 때문에 양자이론은 기본적으로 원자와 그 구성물로 이루어진 소립자 세계를 설명하는 이론이라고 할 수 있다.

양자 중첩 quantum superposition | 원자와 같은 양자적 대상이 동시에 두 가지 이상의 상태로 존재하는 상황. 이를 테면, 물체가 동시에 복수의 장소에 존재할 수도 있다. 그것은 모든 양자적 기묘함의 기초를 이루는, 개별 상태의 중

첩이 상호 작용, 다시 말해 '간섭'한 결과이다. 결흐트러짐으로 그런 상호 작용이 차단되고, 결국 양자 작용이 중단된다.

양자 진공 quantum vacuum | 텅 빈 공간에 대한 양자적 이해 방식. 사실 텅 빈 것과는 거리가 멀다. 양자 진공은 하이젠베르크의 불확정성원리에 의해 순식간에 존재가 명멸하는 소립자들로 펄펄 끓고 있다.

양자 컴퓨터 quantum computer | 원자와 같은 양자계들이 동시에 복수의 상이한 상태에 존재하며, 이를 바탕으로 동시에 여러 개의 계산을 수행할 수 있다는 사실을 이용하려는 기계. 현재까지 개발된 최고의 양자 컴퓨터는 약간의 2진수, 곧 비트만을 조작할 수 있다. 양자 컴퓨터가 제 기능을 발휘할 수 있을 정도로 발전하면 기존의 컴퓨터를 크게 능가할 것이다.

양자 터널링 quantum tunnelling | 소립자들이 자신을 속박하는 감옥을 탈출할 수 있는 기적과도 같은 능력. 이를 테면, 알파 입자는 원자핵 속에서 자신을 가두고 있는 장벽을 뚫고 나올 수 있다. 높이뛰기 선수가 4미터의 벽을 뛰어오르는 것과 같다. 터널링은 소립자들의 파동성에 따른 결과이다.

양자 확률 quantum probability | 소립자적 사태가 일어날 가능성. 그 특성으로 인해 우리가 사태를 확실히 알 수는 없지만 그 확률은 알 수 있다.

양자수 quantum number | 전자의 궤도 에너지나 스핀처럼 덩어리로 드러나는 소립자적 특성을 지정해 주는 수.

양자전기역학 quantum electrodynamics | 빛이 물질과 상호 작용하는 방식에 관한 이론. 양자전기역학은 우리가 발 딛고 서 있는 땅이 왜 단단한지에서부터 레이저는 어떻게 작용하는지에 이르기까지, 물질 대사의 화학에서 컴퓨터의 작동에 이르기까지 일상 세계의 거의 모든 것을 설명해 준다.

양전자 positron | 전자의 반입자.

얽힘 entanglement | 두 개 이상의 입자가 혼합되어 개별성을 잃고서 여러 측면에서 마치 단일체처럼 거동하는 현상.

에너지 energy | 규정하기가 거의 불가능한 물리량! 에너지는 창조되거나 파괴될 수 없고, 한 형태에서 다른 형태로 변환될 뿐이다. 익숙한 형태들을 보면 열에너지, 운동 에너지, 전기 에너지, 소리 에너지 등이 있다.

에너지 보존 conservation of energy | 에너지가 만들어지거나 파괴될 수 없으며 한 형태에서 다른 형태로 바뀔 뿐이라는 원리.

X선(X-rays) 빛의 고에너지 형태.

열역학 제2법칙 second law of thermodynamics | 엔트로피. 물체의 미시적 무질서가 감소할 수 없다는 원리. 열이 차가운 물체에서 뜨거운 물체로 흐를 수 없다는 말과 같다.

온도 temperature | 물체의 뜨거운 정도. 물체를 구성하는 입자들의 운동 에너지와 관련이 있다.

우라늄 uranium | 자연에서 확인 가능한 가장 무거운 원소.

우주 cosmos | 유니버스(universe)의 대체어.

우주 universe | 존재하는 모든 것. 오늘날 우리가 태양계라고 부르는 실체를 지칭하기 위해 과거에 사용되었던 탄력적 용어. 보다 최근에는 우리가 오늘날 은하수라고 부르는 것을 지칭하는 데 사용되었다. 현재는 모든 은하의 총합을 가리키는 데 사용된다. 관측 가능한 우주에는 약 1,000억 개의 은하가 존재하

는 것으로 추정된다.

우주 배경복사 cosmic background radiation | 빅뱅의 잔여 빛. 빅뱅이 있고 137억 년이나 지났음에도 불구하고 여전히 온 우주 공간에 우주 배경복사가 충만하다는 사실은 놀랍기 그지없다. 식어 버린 복사는 섭씨 온도 영하 270도에 상응한다.

우주선 cosmic rays | 우주 공간에서 관측되는 고속의 원자핵. 대개는 양성자이다. 저에너지 우주선은 태양에서 나온다. 고에너지 우주선은 초신성에서 나올 것이다. 현재 우리가 지구상에서 만들 수 있는 그 어떤 것보다도 에너지가 수백만 배는 더 큰 입자들인 초고에너지 우주선은 천문학 최대의 미해결 난제 가운데 하나이다.

우주의 팽창 expansion of universe | 빅뱅 이후 은하들이 서로에게서 멀어지는 현상.

우주론 cosmology | 전체 우주의 기원, 진화, 종말을 연구 주제로 삼는 학문.

운동량 momentum | 물체를 정지시키기 위해 얼마만큼의 노력이 필요한지를 측정한 값을 물체의 운동량이라고 한다. 예를 들어, 유조선이 고작 시속 3, 4킬로미터의 속도로 이동한다고 해도 시속 200킬로미터로 달리는 포뮬러 1 경주용 자동차보다 세우기가 훨씬 더 어렵다. 그럴 때 유조선의 운동량이 더 크다고 한다.

운동량의 보존 conservation of momentum | 운동량은 창조되거나 파괴될 수 없다는 원리.

원소 element | 화학적 수단으로는 더 이상 분해할 수 없는 물질. 특정 원소의 모든 원자는 그 핵에 동일한 개수의 양성자를 갖고 있다. 예를 들어, 모든 수소

원자에는 양성자가 1개, 모든 염소 원자에는 양성자가 17개인 식이다.

원자 atom | 모든 정상 물질의 구성 재료. 원자는 전자 구름이 궤도를 선회하는 원자핵으로 구성된다. 원자핵의 양전하는 전자들의 음전하로 정확히 균형을 이룬다. 원자의 직경은 약 1,000만분의 1밀리미터이다.

원자 에너지 atomic energy | 핵에너지(nuclear energy)를 보라.

원자핵 atomic nucleus | 원자의 중심에 자리한 양성자와 중성자의 단단한 결합(수소의 경우는 양성자가 1개뿐이다). 원자핵이 원자 질량의 99.9퍼센트 이상을 차지한다.

웜홀 wormhole | 광대한 공간과 연결되는 시공간 상의 땅굴로, 일종의 지름길이라고 할 수 있다.

유체역학적 평형 hydrostatic equilibrium | 별을 짜부라뜨리려는 중력과 뜨거운 기체가 밖으로 분출하는 힘이 완벽하게 균형을 이룬 상태.

융합 fusion | 핵융합(nuclear fusion)을 보라.

은하 galaxy | 우주의 기본적 구성 요소 가운데 하나. 은하는 별들이 모여 있는 엄청나게 큰 섬이다. 우리 은하인 은하수(milky way)는 나선 모양이고, 약 2,000억 개의 별이 모여 있다.

은하수 milky way | 우리 은하.

이온 ion | 궤도를 선회하는 전자를 1개 이상 빼앗기고 양전하를 갖게 된 원자나 분자.

이중슬릿 실험 double slit experiment | 아주 비좁은 틈(slit) 두 개를 평행으로 만들어 놓은 막(screen)에 소립자를 조사하는 실험. 스크린 반대편에서는 입자들이 섞인다. 다시 말해, 서로 '간섭해' 두 번째 스크린 위에 특유의 간섭 무늬를 만드는 것이다. 시간을 두고 입자들을 차례로 (실)틈에 조사할 때에도—다시 말해, 입자들이 서로 섞일 가능성이 전혀 없는데도—같은 패턴이 형성된다는 것은 기이하다. 리처드 파인만은 이 결과가 양자이론의 '중요한 비밀'을 드러내 준다고 주장했다.

이질적 물질 exotic matter | 반발중력을 갖는 가상의 물질.

인간 원리 anthropic principle | 우주가 존재하지 않는다면 인류 역시 바로 여기 존재하면서 우주의 존재를 인식할 수 없을 것이기 때문에 우주가 현재처럼 존재한다는 생각. 결국 인류가 존재한다는 사실이 과학적으로 중요한 관측 결과라는 얘기이다.

인과율 causality | 원인이 항상 결과에 선행한다는 생각. 인과율은 물리학이 금과옥조로 받드는 원리이다. 그러나 원자의 붕괴 같은 양자적 사건들은 이전의 원인이 없어도 결과가 발생하는 듯하다.

인플레이션 이론 theory of inflation | 우주가 최초의 탄생 이후 1초 미만의 시간에 엄청나게 빠른 속도로 팽창했다는 생각. 어떤 의미에서는 인플레이션이 진부한 빅뱅의 폭발에 선행했다. 빅뱅을 수류탄의 폭발에 비유할 수 있다면 인플레이션은 수소폭탄의 폭발과 비슷하다. 인플레이션 이론은 지평선 문제와 같은 빅뱅 이론의 몇 가지 문제를 해결할 수 있다.

일반상대성이론 general theory of relativity | 중력이 시공간의 휘어짐에 불과하다는 것을 보여 주는 아인슈타인의 중력 이론. 일반상대성이론에는 뉴턴의 중력 이론에는 포함되지 않은 몇 가지 개념이 들어 있다. 그 어떤 것도, 중력조차도 빛보다 더 빨리 움직일 수 없다는 게 그 하나다. 모든 형태의 에너지는 질

량을 가지며, 그것은 중력원도 마찬가지라는 것도 새로 구축된 개념이다. 일반 상대성이론은 블랙홀의 존재와 우주의 팽창을 예견했고, 중력으로 빛의 경로가 휘어질 것이라고 보았다.

입자가속기 particle accelerator | 흔히 원형의 경주로처럼 생긴 거대한 기계인데, 아원자 입자들을 고속으로 가속해 충돌시키는 데 사용한다. 그 충돌 과정에서 입자들의 운동 에너지를 활용해 새로운 입자들을 만들기 위한 장치이다.

입자물리학 particle physics | 자연계의 기본적인 힘과 기본적 구성 요소들을 발견하려는 노력과 활동.

자기장 magnetic field | 자석을 에워싸고 있는 힘의 마당.

자외선 ultraviolet | 아주 뜨거운 물체가 내뿜는 비가시광선의 한 종류로, 일광 화상을 일으킨다.

적외선 infrared | 따뜻한 물체가 내뿜는 비가시광선.

전기장 electric field | 전하를 에워싸고 있는 힘의 마당(장).

전류 electric current | 하전된 입자들(대개는 전자들)의 흐름으로, 도체를 흐른다.

전자 electron | 음으로 하전된 아원자 입자로서, 흔히 원자핵 주위를 선회하는 형태로 발견된다. 다시 나눌 수 없는 진정한 기본 입자이다.

전자기력 electromagnetic force | 자연계의 4가지 기본적 힘 가운데 하나. 우리 몸의 원자, 발 아래 놓인 암석의 원자 따위를 포함해 모든 정상적 물질을 접착해 주는 책임을 맡고 있다.

전자기파 electromagnetic wave | 주기적으로 증감하면서, 역시 주기적으로 증감하는 자기장과 엇물려 있는 전기장으로 이루어진 파동. 전자기파는 진동하는 전하에 의해 생성되며, 빛의 속도로 공간을 여행한다.

전하 electric charge | 소립자들의 특성으로, 양과 음의 두 가지 종류가 있다. 예를 들어, 전자는 음전하를 띠고 양성자는 양전하를 띤다. 같은 전하를 가진 입자들은 서로 반발하고, 다른 전하를 가진 입자들은 서로 끌어당긴다.

전하 결합 소자 charge-coupled device; CCD | 입사되는 빛을 100퍼센트 가까이 기록할 수 있는 고감도 전자선 감지기. 사진 건판은 1퍼센트밖에 기록할 수 없기 때문에 CCD를 탑재한 망원경은 100배 향상된 성능을 자랑한다.

절대 영도 absolute zero | 도달 가능한 최저 온도. 물체가 냉각되면 구성 원자들이 점점 더 느리게 움직인다. 섭씨온도로 영하 273.15도에 상당하는 절대 온도 0도에서 원자는 활동을 완전히 중단한다. (사실, 전적으로 맞는 말은 아니다. 하이젠베르크의 불확정성원리에 따라 절대 온도 0도에서도 잔여 지터[residual jitter, 파형의 순간적인 흐트러짐]가 발생하기 때문이다.)

점성도 viscosity | 액체의 내부 마찰. 당밀은 점성도가 크고 물은 점성도가 작다.

좌표계 끌림 frame dragging | 육중하게 자전하는 천체의 주변 시공간이 이끌리는 현상. 지구 주위에서는 그 효과가 아주 작지만(측정할 수는 있다) 빠르게 회전하는 블랙홀 주위에서는 아주 크다. 그런 블랙홀은 소용돌이치는 시공간의 토네이도 중앙에 위치한다.

주사형 터널링현미경 scanning tunnelling microscope; STM | 물질의 표면 위로 아주 뾰족한 탐침을 이동시키면서 그 바늘의 상하 운동을 표면의 원자적 경관

에 관한 이미지로 바꾸어 내는 장치.

줄 joule | 과학에서 에너지를 측정하는 표준 단위. 날아가는 크리켓 볼의 운동 에너지는 약 10줄이다. 빵 한 조각이 제공하는 화학 에너지는 약 10만 줄이다. 방전되는 번갯불의 전기 에너지는 약 100억 줄이다.

중력 gravitational force | 자연계의 4가지 기본적 힘 가운데 가장 약한 힘. 뉴턴의 만유인력의 법칙으로도 대강 설명할 수 있지만, 아인슈타인의 중력 이론, 곧 일반상대성이론을 동원해 더 자세히 기술할 수 있다. 일반상대성이론은 블랙홀 중심의 특이점과 우주가 탄생한 특이점에서 설명력을 상실하고 와해된다. 물리학자들은 중력을 더 잘 설명해 낼 수 있는 이론 체계를 찾고 있다. 양자 중력이라고 명명된 이론 체계가 중력자라고 하는 소립자 교환의 관점에서 중력을 설명해 줄 것으로 기대하고 있다.

중력 gravity | 중력(gravitational force)을 보라.

중력에 의한 빛의 구부러짐 gravitational light bending | 무거운 천체 옆을 지나는 빛의 궤도가 구부러지는 현상. 그런 천체 부근에서는 공간이 계곡처럼 휘어지기 때문에 빛도 구부러진 경로를 따라 이동하지 않을 수 없다.

중력에 의한 적색 편이 gravitational red shift | 빛이 크고 무거운 천체 주위의 시공간 계곡에서 빠져나오면서 에너지를 잃는 현상. 빛의 '색깔'이 에너지와 관계를 맺고 있기 때문에——적색 광선은 청색 광선보다 에너지가 더 적다—— 천문학자들은 빛이 스펙트럼의 빨간색 쪽으로 이동했다고, 다시 말해 '적색 편이'했다고 말한다.

중력파 gravitational wave | 시공간을 뻗어나가는 잔물결(파동). 중력파는 블랙홀 합체와 같은 천체의 격렬한 운동에 의해 생성된다. 중력파는 약하기 때문에 아직까지 직접적인 방식으로는 확인되지 않았다.

중성미자 neutrino | 전기적으로 중성인 아원자 입자로, 질량이 아주 작고 빛의 속도에 근접해 운동한다. 중성미자에는 3종류가 있는데, 물질과 거의 상호 작용하지 않는다. 그러나 대량으로 생성되면 초신성 폭발 과정에서 별을 날려 버리기도 한다.

중성자 neutron | 원자의 중앙에 위치한 원자핵의 두 가지 주요 구성 요소 가운데 하나. 중성자는 기본적으로 양성자와 질량이 같지만 전하를 띠지 않는다. 중성자는 원자핵 바깥에서는 불안정한 상태에 놓이며, 10분 정도면 붕괴해 버린다.

중성자별 neutron star | 자체 중력으로 압축된 물질이 대부분 중성자일 정도로 밀도가 큰 별. 이런 별은 직경이 20~30킬로미터에 불과하다. 각설탕 크기만큼 잘라낸 중성자별의 무게가 전체 인류의 무게를 다 합한 값만큼이나 크다.

지평선 horizon | 우주는 바다에서 배를 에워싸는 수평선과 아주 유사한 지평선을 갖는다. 우주에 지평선이 존재하는 이유는, 빛의 속도가 유한하며 우주가 유한한 시간 동안만 존재했기 때문이다. 이 말은, 빅뱅 이후로 그 빛이 일정한 시간이 걸려서 우리에게 도달한 대상만을 볼 수 있다는 얘기이다. 그러므로 관측 가능한 우주는 지구를 중심에 둔 거품과 같다. 지평선은 그 거품의 표면인 셈이다. 우주가 매일 나이를 먹음에 따라 지평선도 매일 밖으로 팽창하고, 새로운 사태도 관측할 수 있게 된다. 수평선에서 다가오는 배와 같다고 할 수 있다.

지평선 문제 horizon problem | 빅뱅 때조차 서로 접촉할 수 없었던 우주의 멀리 떨어진 영역이 밀도와 온도 등에서 거의 동일한 특성을 갖는 문제. 기술적으로 얘기해 보면, 이 영역들은 서로의 지평선을 항상 초월했다. 인플레이션 이론은 그런 영역들이 빅뱅 속에서 어떻게 접촉했는지를 알려준다. 이를 바탕으로 지평선 문제를 해결할 수 있을지도 모른다.

질량 mass | 물체의 물질량을 측정한 값. 질량은 에너지가 가장 많이 집적된 형태이다. 1그램에는 다이너마이트 10만 톤과 같은 양의 에너지가 들어 있다.

차원 dimension | 시공간의 독립적 좌표. 우리가 친숙한 세계는 3개의 공간 차원(동-서, 남-북, 위-아래)과 시간 차원(과거-미래)을 갖는다. 초끈이론에 따르면 우주는 6개의 공간 차원을 추가로 가져야 한다. 이 추가 차원들은 다른 차원들과는 크게 다르다. 아주 작은 형태로 둥글게 말려 있기 때문이라고 한다.

찬드라세카의 한계 Chandrasekhar limit | 백색왜성이 만들어지는 데 필요한 최대 가능 질량. 그 한계는 별의 화학 조성에 좌우된다. 헬륨으로 구성된 백색왜성의 경우 찬드라세카의 한계는 태양보다 질량이 약 44퍼센트 더 크다. 이보다 더 큰 별의 경우는 내부의 전자 축퇴압이 중력이 별을 더 짜부라뜨리는 것을 막기에 불충분하다.

초끈이론 superstring theory | 우주의 근본적 구성 요소들이 물질의 미세한 끈들이라고 상정하는 이론 체계. 거기에 따르면 그 끈들은 10차원의 시공간에서 진동한다. 양자이론과 일반상대성이론을 통합, '통일'해 줄지도 모른다는 가능성이야말로 이 이론 체계의 결정적인 매력이다.

초신성 supernova | 육중한 별이 격변적으로 폭발하는 현상. 초신성이 폭발하면 짧게나마 보통 별 1,000억 개가 모여 있는 전체 은하보다 더 밝아진다. 이 과정을 거치면서 고도로 압축된 중성자별이나 블랙홀이 남게 될 것으로 여겨진다.

초유체 superfluid | 임계 온도 이하에서, 이를 테면 위로 흐르거나 극단적으로 작은 구멍을 빠져나가는 등의 이상야릇한 특성을 보여 주는 유체. 절대 온도 2.17도 아래에서 초유체가 되는 액체 헬륨이 좋은 예이다. 액체 헬륨의 기이한 초유체적 특성은 양자이론, 다시 말해 헬륨 원자가 보존으로 바뀌기 때문에 가능하다.

초전도체 superconductor | 극저온 상태로 냉각되면 영구적으로 전류가 흐르는 물질. 다시 말해, 저항이 전혀 없다는 말이다. 도체 입자들이 페르미온에서 보존으로 바뀌어야만 이런 일이 가능해진다. 구체적으로 얘기하면, 전자(페르미온)들이 짝을 지어 쿠퍼쌍(보존)을 형성하는 셈이다.

축퇴압 degeneracy pressure | 작은 부피의 공간으로 좁아든 전자들이, 마치 상자 속에 들어간 벌처럼 가하는 압력. 하이젠베르크의 불확정성원리로 인해 위상을 알 수 있는 소립자는 속도에서 필연적으로 커다란 불확정성을 가지기 때문에 축퇴압(졸드름)이 발생한다. 백색왜성이 자체 중력으로 수축하는 것을 막아주는 게 바로 전자 축퇴압이다. 중성자별에서는 중성자 축퇴압이 같은 임무를 수행한다.

측지선 geodesic, 測地線 | 휘어진, 다시 말해 구부러진 공간에서 두 지점 사이의 최단 경로.

코페르니쿠스의 원리 Copernican principle | 시간이든 공간이든 우주에서 우리 인류의 지위가 전혀 특별하지 않다는 생각. 지구가 태양계의 중심에서 특별한 지위를 누리고 있지 않으며, 태양 주위를 도는 하나의 행성일 뿐이라는 코페르니쿠스의 인식을 확장한 개념.

콤프턴 효과 Compton effect | 고에너지의 광선을 조사했을 때 전자가 다른 당구공과 부딪친 당구공처럼 되튀는 현상. 콤프턴 효과는, 빛이 탄환처럼 미세한 입자인 광자로 구성되어 있음을 증명해 준다.

쿠퍼짝 Cooper pair | 극저온 상태의 일부 금속에서 쌍을 이루는 정반대 스핀의 전자 두 개. 개별 전자와 달리 쿠퍼쌍은 보존 입자이다. 결국 쿠퍼쌍은 동일한 (양자적) 상태로 응축되어 일제히 금속을 통과한다. 거칠 것 없이 전진하는 군대와 흡사하다. 그런 '초전도체'에서는 전류가 영원히 흐를 수 있다.

퀘이사 quasar | 거대한 블랙홀을 중심으로 소용돌이치는 와중에 수백만 도까지 가열된 물질에서 대부분의 에너지를 얻는 은하. 퀘이사는 태양계보다 더 작은 부피에서 보통 은하 100개에 상당하는 빛을 낼 수 있다. 퀘이사는 우주에서 가장 강력한 천체이다.

큐비트 qubit | 양자 비트. 통상의 비트는 '0'이나 '1'만을 가지지만 큐비트는 두 상태가 중첩해 존재할 수 있으므로, 동시에 '0'과 '1'을 가질 수 있다. 일련의 큐비트들이 동시에 많은 수를 가질 수 있기 때문에 동시에 많은 계산을 할 수 있다.

QED | 양자전기역학(quantum electrodynamics)을 보라.

타임머신 time machine | 폐쇄된 시간 경로(closed time-like curve; CTC)를 보라.

타키온 tachyon | 빛보다 더 빨리 여행하면서 영원히 존재한다는 가상의 입자.

태양계 solar system | 태양과 행성, 위성, 혜성 들 및 기타 잔해들.

통일 unification | 초고 에너지 상태에서는 자연계의 네 가지 기본적인 힘이 단한 개의 이론적 틀로 통합(일)된다는 생각.

특수상대성이론 special theory of relativity | 등속으로 운동하는 사람을 관찰할 때 보게 되는 현상을 설명하는 아인슈타인의 이론. 특수상대성이론으로 운동하는 사람은 운동 방향으로 줄어들고, 시간은 느려진다는 게 밝혀졌다. 빛의 속도에 근접할수록 그런 효과는 더욱 더 현저해진다.

특이점 singularity | 시공간의 구조가 파열돼 아인슈타인의 중력 이론, 그러니까 일반상대성이론으로 이해할 수 없는 곳. 온도와 같은 물리량이 무한대로 치

솟았던 특이점은 우주가 탄생할 때 존재했다. 블랙홀의 중심에도 특이점이 존재한다.

파동함수 wave function | 원자와 같은 양자적 대상과 관련해 알 수 있는 모든 것을 담고 있는 수학적 실체. 파동함수는 시간에 대해서 슈뢰딩거의 파동 방정식에 따라 변한다.

파동-입자 이중성 wave-particle duality | 아원자 입자가 당구공처럼 어떤 장소에 실재하는 입자 내지 확산되는 파동의 행태를 보이는 능력.

파울리의 배타 원리 Pauli exclusion principle | 2개의 페르미온이 동일한 양자적 상태에 있을 수 없다는 원리. 파울리의 배타 원리에 따르면 페르미온인 전자들은 서로 같은 위치에 있을 수 없다. 결과적으로 이 원리를 통해 서로 다른 원자들의 존재와 우리 주변 세계의 다양성을 설명할 수 있다.

파장 wavelength | 완벽한 진동 주기를 통과하는 파동의 길이.

팽창 우주 expanding universe | 은하들은 빅뱅 이후 서로 멀어져 가고 있다.

펄사 pulsar | 빠르게 회전하면서 강력한 전파를 내뿜는 중성자별. 하늘을 비추는 등대와 흡사하다.

페르미온 fermion | 반(半)정수, 그러니까 2분의 1, 2분의 3, 2분의 5 유닛 등등의 스핀을 갖는 소립자. 페르미온은 그 스핀으로 인해 서로를 멀리한다. 원자가 존재하는 것, 발아래 땅이 단단한 것 등은 모두 페르미온의 비사교성 때문이다.

플라스마 plasma | 전기적으로 하전된 이온과 전자들의 기체.

플랑크 길이 Planck length | 중력을 자연계의 다른 기본적인 힘들과 비교할 수 있는 엄청나게 작은 길이 크기. 플랑크 길이는 원자보다 1조 배 더 작다. 플랑크 길이는 플랑크 에너지와 일치한다. 작은 거리는 물질의 파동성 때문에 고에너지와 같다.

플랑크 에너지 Planck energy | 중력을 자연계의 다른 기본적인 힘들과 비교할 수 있는 초고 에너지.

하이젠베르크의 불확정성 원리 Heisenberg uncertainty principle | 입자의 위치와 속도 같은 물리량의 쌍을 동시에 정확히 알 수는 없다는 양자이론의 원리. 불확정성의 원리에 따라 그런 물리량의 쌍을 얼마나 정확하게 알 수 있는지가 제약을 받는다. 이 말은 우리가 입자의 속도를 정확히 알면 입자의 위치를 아는 게 불가능하다는 얘기이다. 거꾸로 위치를 정확히 알면 입자의 속도를 알 수 없게 된다. 하이젠베르크의 불확정성원리는 우리가 알 수 있는 것을 제약함으로써 자연에 '모호성'을 부과한다. 너무 자세히 들여다보면 의미 없는 점들로 분해돼 버리는 신문 사진처럼 모든 것이 흐릿해지는 것이다.

해 sun | 가장 가까운 별.

핵 nucleus | 원자핵(atomic nucleus)을 보라.

핵반응 nuclear reaction | 한 종류의 원자핵이 다른 종류의 원자핵으로 바뀌는 모든 과정.

핵에너지 nuclear energy | 하나의 원자핵이 또 다른 원자핵으로 바뀔 때 방출되는 여분의 에너지.

핵융합 nuclear fusion | 2개의 가벼운 원자핵이 결합해 1개의 더 무거운 원자핵을 만드는 것으로, 이 과정에서 핵 결합 에너지가 방출된다. 인류에게 가장

중요한 핵융합 과정은 수소 핵융합으로, 태양의 중심에서 헬륨을 생성한다. 햇빛은 그 핵융합의 부산물이다.

핵알 nucleon, 核子 | 원자핵의 두 가지 구성 요소인 양성자와 중성자를 지칭하는 포괄적 용어.

헬륨 helium | 자연계에서 두 번째로 가벼운 원소로, 지구상에서 발견되기 전에 태양에서 먼저 발견된 유일한 원소이다. 헬륨은 전체 원자의 10퍼센트를 차지하며, 우주에서 수소 다음으로 흔한 원소이다.

혜성 comet | 별 주위를 선회하는 작은 얼음 덩어리. 직경이 몇 킬로미터에 불과하다. 대부분의 혜성은 오르트 구름이라고 하는 거대한 구름 속에 있는 가장 바깥쪽의 행성들 너머에서 출발해 태양의 주위를 돈다. 소행성처럼 혜성도 행성을 만들고 남은 우수리이다.

화학 결합 chemical bond | 원자를 이어 붙여 분자로 만들어 주는 접착제.

흑체 black body, 黑體 | 입사되는 열에너지를 전부 흡수하는 물체. 흑체는, 복사 에너지가 물체를 구성하는 물질은 무시하고, 그 온도에만 좌우되는 방식으로 원자들 사이에서 열에너지를 공유하기 때문에 결국 쉽게 인식할 수 있는 전형적인 형태를 띤다. 항성은 대개 흑체라고 여겨진다.

더 읽을거리

원자와 양자이론

Jim Al-Khalili, *Quantum: A Guide for the Perplexed* (Weidenfeld & Nicolson, London, 2003)

Hans Christian von Baeyer, *Taming the Atom* (Penguin, London, 1994)

Julian Brown, *Minds, Machines, and the Multiverse* (Little Brown, New York, 2000)

Marcus Chown, *The Magic Furnace* (Vintage, London, 2000)

David Deutsch, *The Fabric of Reality* (Penguin, London, 1997)

George Gamow, *Thirty Years That Shook Physics* (Dover, New York, 1985)

George Gamow, *The Great Physicists from Galileo to Einstein* (Dover, New York, 1988)

Tony Hey and Patrick Walters, *The New Quantum Universe*, 2nd edition (Cambridge University Press, Cambridge, England, 2004)

Robert Leighton et al., (ed.), *The Feynman Lectures on Physics* (Addison-Wesley, New York, 1989)

상대성이론과 우주학

Marcus Chown, *Afterglow of Creation* (University Science Books, Sausalito, California, 1994)

Marcus Chown, *The Universe Next Door* (Headline, London, 2002)

Edward Harrison, *Cosmology* (Cambridge University Press, Cambridge, England, 1991)

Igor Novikov, *The River of Time* (Cambridge University Press, Cambridge, England, 1998)

Julian Schwinger, *Einstein's Legacy* (Scientific American Library, New York, 1986)

Frank Shu, *The Physical Universe* (University Science Books, Sausalito, California, 1982)

옮기고나서

책의 원제를 해석하면 "양자 이론 때문에 속상해 하지 마" 정도이다. 바로 이 제목이 책이 다루는 내용과 저자의 집필 태도를 압축해 알려준다. 이 책 『현대과학의 열쇠, 퀀텀 :: 유니버스』는 양자 이론과 우주학(론), 저자의 표현을 따른다면 '가장 작은 것'과 '가장 큰 것'을 다룬다. 저자는 이 두 이론을 합치면 우리가 사는 세계의 거의 모든 것을 설명할 수 있다고 말한다. '아, 알겠다. 무얼 다루는지 대충 짐작이 간다. 하지만 두 분야는 어렵기로 악명이 높잖아!' 이 분야의 책을 여러 권 시도해 보았지만 중도에 포기하신 분들이 많을 것이다.

저자도 사정을 십분 이해한다. 두 이론이 탄생하고 거의 한 세기가 지났지만 대다수의 사람들은 어느 것 하나도 제대로 이해하지 못하고 있는 실정이다. 그는 더 나은 설명 방법이 반드시 존재한다고 믿었고, 이 책은 그 결과물이다. 과학 잡지 『네이처』는 "기묘하고, 섹시하며, 혼을 쏙 빼놓는다"고 이 책을 칭찬했다. 옮긴이로서 한 마디 보태자면, 한국어로 양자 이론을 소개한 책 중에서 이 책이 가장 쉽고 독자들에게 친절한 것 같다. 오리무중의 상태에서 어느 정도 벗어날 수 있었고, 더 어려운 책에 도전해 볼 용기까지 생겼으니 말이다. 입자 물리학과 상대성 이론에 대한 쉬운 설명을 고대해 온 독자들에게 이 책은 분명 좋은 안내자가 되어줄 것이다.

본문의 내용은 서울 대학교 물리천문학부의 최무영 교수님께서 살펴 주셨다. 학계에서 사용하는 용어들과 옮긴이로서 해결하지 못하는 부분들을 꼼꼼하게 바로 잡아 주셨다. 이 자리를 빌어 감사를 올린다.

2009년 11월 정 병 선

찾아보기